# CONTENTS

跟著社群玩自造

## SPECIAL SECTION

合「做」無間 26
和別人合作打造專題更能有
所成就；但首先，你需要訂
定計劃。

放手一搏 28
霸氣的MegaBots團隊
愈玩愈大了。

打造火人祭 34
集體藝術不只創作專題，
更塑造社群。

全球派對 36
MakeItGo成功連結各地
Makerspace完成
創意專題。

天空研究室 37
望遠鏡製作工作坊和大家一
同分享觀察宇宙的喜悅。

種出草根性 38
草根自耕菜園是文化和活動
的中心。

巨創金剛 42
臺灣Maker社群成員共同
打造這尊高達3公尺的驚人
之作。

聚眾打造 44
Makerspace 是Maker 社
群的核心之地。

起飛吧！ 46
駕駛員社群讓遙控飛機更容
易親近了。

火腿一族 48
加入業餘無線電愛好者的全
球社群吧！

本車開往⋯⋯ 49
一個有著豐富面貌的模型鐵
路世界！

無人車競賽 50
用200美元打造一輛用機
器學習軟體自動駕駛的
Raspberry Pi賽車

氣勢萬千 56
製作氣球拱門來升級你的
派對。

DIY家庭日 58
和你最親近的人們一同打造
這些專題。

封面故事：
MegaBots的Mk.III於
賽前粉墨登場。
攝影：赫普・斯瓦迪雅

56

## COLUMNS

**Reader Input** 05
來自讀者的想法、訣竅以及啟示。

**Welcome：沒有不可能的任務** 06
組成開放社群，解決重要而艱難的問題。

**Made on Earth** 10
綜合報導全球各地精彩的DIY作品。

**Maker Faire 魔幻時刻** 16
透過照片一窺今年5月灣區盛會的超棒專題。

## FEATURES

**女性站出來** 18
女性工程師在首屆Maker Faire Kuwait發光發熱。

**Maker ProFile：全力加速** 24
Make in LA如何透過師徒模式帶領新創公司大步前行。

## PROJECTS

**祕密通訊** 62
用一顆按鈕、一個蜂鳴器和Pi Zero，就能以摩斯電碼交換祕密。

**1+2+3：打造繽紛碎布繩** 67
用身邊不用的布料回收改造成實用的材料。

**「聽」起來很好玩** 68
打造電路和導電墨水卡片來玩電子聲音遊戲。

**複擺貓咪玩具** 72
用雙重配重物、線繩和一隻假耗子打造無法預測軌跡的複擺。

**巴克的世界地圖** 74
用雷射切割機打造不會嚴重扭曲的2D至3D世界地圖。

**老派汽車透氣窗** 76
打造你專屬的引氣窗，大口呼吸新鮮空氣吧！

**發揮影響力** 78
你具開創性的專題可能讓你贏得勞力士雄才偉略大獎。

**園遊會遊戲機** 80
看看這臺由不同領域教師合力打造的趣味遊戲機。

**Toy Inventor's Notebook：步步高升童玩** 82
這兩隻Makey靈感源自一種古老的童玩，會透過摩擦力和張力向上攀升。

## SKILL BUILDER

**固定不動** 84
如何讓物件穩穩固定於CNC工具機的平臺上。

**認識專業術語：機器刺繡** 88
替你的服飾增色、製作補丁並讓你的布料專題更加特別。

## TOOLBOX

**工具評論** 90
GEARBEST DIY 紫光雷射雕刻機、HOWTOONS專題套件以及更多好用的工具。

**3D印表機評測：BCN3D SIGMA 2017** 94
這臺印表機在品質與成效上有著大幅進步。

## SHOW & TELL

**Show & Tell** 96
看看去年《MAKE》萬聖節競賽得獎者作品，啟發你邪惡的想法。

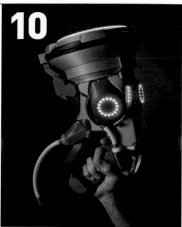

Joel Reid, Hep Svadja, Curley, Cole Novotny, Will Atwood, The McKenty Brothers, Charles Platt

Airigami

# Make:

國家圖書館出版品預行編目資料

Make：國際中文版／MAKER MEDIA 作；Madison 等譯
-- 初版 . -- 臺北市：泰電電業，2018. 1　冊；公分
ISBN：978-986-405-050-5　（第 33 冊：平裝）
1. 生活科技
400　　　　　　　　　　　　　　106003223

EXECUTIVE
CHAIRMAN & CEO
**Dale Dougherty**
dale@makermedia.com

*

CFO & PUBLISHER
**Todd Sotkiewicz**
todd@makermedia.com

VICE PRESIDENT
**Sherry Huss**
sherry@makermedia.com

**EDITORIAL**

EXECUTIVE EDITOR
**Mike Senese**
mike@makermedia.com

SENIOR EDITOR
**Caleb Kraft**
caleb@makermedia.com

EDITOR
**Laurie Barton**

MANAGING EDITOR, DIGITAL
**Sophia Smith**

PRODUCTION MANAGER
**Craig Couden**

EDITORIAL INTERN
**Jordan Ramée**

CONTRIBUTING EDITORS
**William Gurstelle**
**Charles Platt**
**Matt Stultz**

**DESIGN,
PHOTOGRAPHY
& VIDEO**

ART DIRECTOR
**Juliann Brown**

PHOTO EDITOR
**Hep Svadja**

SENIOR VIDEO PRODUCER
**Tyler Winegarner**

LAB INTERNS
**Luke Artzt**
**Sydney Palmer**

**MAKEZINE.COM**

WEB/PRODUCT
DEVELOPMENT
**David Beauchamp**
**Rich Haynie**
**Bill Olson**
**Kate Rowe**
**Sarah Struck**
**Alicia Williams**

**國際中文版譯者**

**Madison**：2010年開始兼職筆譯生涯，專長領域是自然、科普與行銷。

**七尺布**：政大英語系畢，現為文字與表演工作者。熱愛日式料理與科幻片。

**呂紹柔**：國立臺灣師範大學英語所，自由譯者，愛貓，愛游泳，愛臺灣師大棒球隊，愛四處走跳玩耍曬太陽。

**花神**：從事科技與科普教育翻譯，喜歡咖啡和甜食，現為《MAKE》網站與雜誌譯者。

**張婉秦**：蘇格蘭史崔克大學國際行銷碩士，輔大影像傳播系學士，一直在媒體與行銷界打滾，喜歡學語言，對新奇的東西毫無抵抗能力。

**敦敦**：兼職中英日譯者，有口譯經驗，喜歡不同語言間的文字轉換過程。

**屠建明**：目前為全職譯者。身為愛丁堡大學的文學畢業生，深陷小說、戲劇的世界，但也曾主修電機，對任何科技新知都有濃烈的興趣。

**葉家豪**：國立清華大學計量財務金融學系畢。在瞬息萬變的金融業界翻滾的同時，更享受語言、音樂產業的人文薰陶。

**謝明珊**：臺灣大學政治系國際關係組碩士。專職翻譯雜誌、電影、電視，並樂在其中，深信人就是要做自己喜歡的事。

**Make：國際中文版33**
（Make：Volume 58）

編者：MAKER MEDIA
總編輯：顏妤安
主編：井楷涵
執行主編：鄭宇晴
網站編輯：潘榮美
版面構成：陳佩娟
部門經理：李幸秋
行銷主任：莊澄蓁
行銷企劃：李思萱、鄧語薇、宋怡箴
業務副理：郭雅慧
出版：泰電電業股份有限公司
地址：臺北市中正區博愛路76號8樓
電話：（02）2381-1180
傳真：（02）2314-3621
劃撥帳號：1942-3543 泰電電業股份有限公司
網站：http://www.makezine.com.tw
總經銷：時報文化出版企業股份有限公司
電話：（02）2306-6842
地址：桃園縣龜山鄉萬壽路2段351號
印刷：時報文化出版企業股份有限公司
ISBN：978-986-405-050-5
2018年1月初版　定價260元

版權所有‧翻印必究（Printed in Taiwan）
◎本書如有缺頁、破損、裝訂錯誤，請寄回本公司更換

**Vol.34
2018/3
預定發行**

**www.makezine.com.tw 更新中！**

下列網址提供本書之注釋、勘誤表與訂正等資訊。 makezine.com.tw/magazine-collate.html

# 打造不同人生
# Making a Difference

譯：Madison

## 《MAKE》雜誌如何改變了我的人生

從小我就覺得自己與眾不同，當時我說不上來是哪裡不同，現在我才知道，我從小就是個Maker。身為企業家第三代、機工之子，做東西就已存在我的DNA中。自從我在美國巴諾連鎖書店裡拿起《MAKE》Vol.1的那一刻起，我的人生徹底改變了。八年後，我加入了一個Makerspace，和我最好的朋友達斯汀·史密斯（Dustin Smith）一起開設了C4 Labs公司。很快地，C4 Labs成為了一個著重產品設計的Makerspace。後來，我偶然在波特蘭Mini Maker Faire上認識了英特爾公司的杰·梅力坎（Jay Melican），便和他合作，將專題賣給Intel讓Galileo開發板使用。Galileo開發板的靈感來源，即是來自《MAKE》雜誌上的一篇文章。

最近，我剛剛就任波特蘭社區學院「MakerLab」的主任。能夠啟發年輕人，幫助他們思考、創新並創造，對我來說簡直是美夢成真。這一切都要感謝《MAKE》雜誌Vol.1出現在我生命中。

——艾德·艾佛力（Ed Ivory），
波特蘭，美國俄勒岡州

## 電子電路入門

我要跟查爾斯·普拉特（Charles Platt）說聲謝謝！一個半月前，我對電子電路完全一無所知。但我接到了一個製作用人腦控制電子裝置（透過大腦——電腦介面）的任務。我是一名遊戲設計師，有一點程式背景，但對於硬體或電路完全是個門外漢。

於是，我買了《Make: Electronics 圖解電子實驗專題製作》（大概是第一版吧）。這是我讀過最棒的自學書之一。有些地方比較困難，但我會持續地閱讀和練習。

這是我作品的影片：youtube.com/watch?v=Sb7LZMBaYNw。我大部分使用Arduino，但要不是從《Make: Electronics 圖解電子實驗專題製作》學到的強大理論基礎，我是不可能做出來的。

謝謝你，普拉特先生！你是我的偶像。
——伊凡哲尼·尼托斯基（Evgeniy Nesterovskiy），
莫斯科，俄羅斯

### 《MAKE》勘誤

在《MAKE》國際中文版Vol. 30中，我們將Canyonero專題（第92頁）中一位Maker的名字拼錯了。他的名字正確拼法應是胡安·皮德羅·洛培茲（Juan Pedro López）。謹此致上誠摯歉意。

### 本月監獄違禁品

» **地點：**美國德州刑事司法部
» **書名：**《MAKE》英文版Vol.56
» **原因：**出版物包含有關設計和實施犯罪計劃的材料，或是指導如何避免有關當局查獲犯罪計劃與非法活動的方法。第44～45頁有製造燃料電池（〈微生物燃料電池〉）的教學。

伊凡哲尼·尼托斯基的作品
「神經槓鈴」（NeuroBarbell）

Evgeniy Nesterovskiy

深海潛艇駕駛艾瑞卡・伯格曼（Erika Bergman） 在 Kiziba 難民營打造 Chukudu 機車

## 沒有不可能的任務
# Mission Possible
## 組成開放社群，解決重要而艱難的問題

文：戴爾・多爾蒂 譯：Madison

Public Lab 準備進行熱氣球製圖工作 準備進行人道救援工作的敘利亞空運無人機

我很喜歡認識Maker，聆聽他們的故事。我對他們製造了什麼、如何製造總是很有興趣，但我最想了解的是他們製造的動機。許多專題都是從個人的興趣或熱情開始，然而後續發展可能超過他們自己所想像。Maker探索、實驗，創造和創新。當Maker形成一個社群，他們亦透過訂定個人和社會任務來發揮影響力。

## 將想法化為行動

在7月出刊的《MAKE》國際中文版〈小艘船，大驚奇！〉一文中，戴蒙·麥可米蘭（Damon McMillan）描述他打造一艘8英尺太陽能自駕小船的計劃。這個計劃從他的車庫開始，原本只是個人的興趣而非為了比賽或賺錢。他只是很好奇自己有沒有能耐打造一艘真的能用的船。2016年5月，他在Maker Faire Bay Area上展出這艘小船，獲得許多設計方面的迴響和許多關於實用性的懷疑。當月，戴蒙帶著這艘船「SeaCharger」到半月灣，啟動並設定2,400英里的路線開往夏威夷。這艘船可以透過衛星回傳目前位置。41天後，戴蒙和家人在夏威夷大島的港口集合，看著船靠岸。戴蒙打造了一艘船，向自己和他人證明，用便宜的電子元件和簡單的製造技術，也能有這般成果。他證明了他的船可以自動駕駛這麼長的距離。

設計和製造只是故事的一部分，而且故事還沒完。身為Maker，戴蒙不想付錢把這艘船打包寄回加州。他把船放回海裡，設定開往紐西蘭。「SeaCharger」在舵壞掉前又航行了6,480英里。最後這艘小船被一艘貨輪撿起，帶到紐西蘭，擺在紐西蘭海事博物館展覽。

漢娜·艾姬（Hannah Edge）是加州都柏林一位15歲高中生。她給我看了她自己設計，並用3D列印製作的裝置。她把它取名為「肺活量計」。我問她肺活量計是什麼，她說這是用來測量呼吸的，也就是肺部吸氣和吐氣的量。我問她為什麼要設計肺活量計，她說自己有氣喘病。她去醫院時看到醫生的辦公室裡有肺活量計，但她想要設計一臺便宜、個人使用的肺活量計，因為氣喘往往發生在醫生辦公室以外的地方。她的作品「SpiroEdge」現在已經是可以連接智慧型手機蒐集資料和產生報告的產品了。她相信其他和她有一樣問題的人可以受惠於「SpiroEdge」。漢娜是對的。

Maker運動背後的DIY精神讓更多人出於興趣而去主動瞭解事物的運作方式，那是一種只要你願意，你可以學會做任何事的信念。不是每個人都知道怎麼解決他們遇見的問題。不過，現在更多人知道，就算自己還不知道解決的方法，問題還是可以被解決的。

唐娜·桑切斯（Donna Sanchez）想知道有什麼裝置可以幫助她腦性麻痺的11歲女兒瑪莉亞（Malia Sanchez）。她想應該有工具可以幫助瑪莉亞更清楚地表達自我，讓別人可以跟她的母親一樣了解她的意思。唐娜心裡為這樣的工具取了個名字叫「Articulator」（發聲器），這個裝置可以將瑪莉亞的話轉譯成一般的英語口語。瑪莉亞可以將這個發聲器戴在脖子上或手腕上。唐娜有了這個想法，她寫信給我們，問我們是否有Maker能將這樣的工具做出來。我知道的確有Maker會對這個想法有興趣。

## 運用Maker社群

Maker運動中，許多開放性社群漸漸茁壯，讓Maker與可能受Maker幫助的人有了交流平臺。其中一個例子是集結設計義肢手的Maker和熟悉3D列印者的E-Nable社群。E-Nable幫助人們分享專業，一起學習如何解決問題。我在Maker Faire上認識了一位父親。他說他一年前對3D列印還一無所知。後來他發現可以用3D列印幫兒子做義肢，便加入了社群並學習3D列印。當我聽他說這段故事時，他兒子就在身旁，舉起一隻紅色的手臂，翻過來讓我看手上的蝙蝠俠標誌。他們兩人臉上都閃耀著驕傲的光芒。

隨著Maker運動成長，我們可以追求兩大目標。第一是擴大Maker運動的規模，讓更多背景多元的人們能接觸到工具，發展出Maker技能和思維。第二是創立開放社群，旨在結合廣大Maker的各種能力，解決困難而重要的問題。我們可以運用Maker社群研究、合作生產、開放創新，解決現有機制無法解決的問題，服務需要的人群。

## Maker的任務

2017年夏天，我們啟動了一個新的線上平臺「Maker Share」。跟Maker Faire很像，我們要讓Maker分享他們的作品，展現他們的興趣和能力。在Maker Share，你可以建立你的作品集，說你的故事，分享每個作品的介紹影片，說明你做了什麼，為什麼要做。我們和Intel一起開發Maker Share，在Maker社群中推廣合作和創新。Maker

漢娜·艾姬的「SpiroEdge」

漢娜·艾姬的「SpiroEdge」

瑪莉亞·桑切斯

E-Nable的索爾戰鎚造型義肢

E-Nable的鋼鐵人造型義肢

托佛・懷特（Topher White）的裝置能偵測非法伐木的聲音

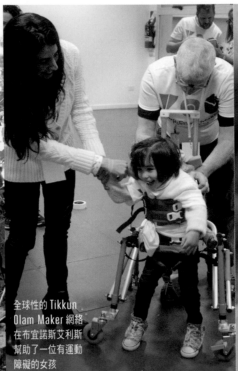

全球性的 Tikkun Olam Maker 網絡在布宜諾斯艾利斯幫助了一位有運動障礙的女孩

Hiking Hacks 在馬達加斯加打造的螞蟻感測器

Share也會舉辦解任務活動，邀請Maker參與，一同解決問題、幫助他人。瑪莉亞計劃就是其中一個任務。我認為Maker Share上會出現各式各樣的任務，人道、保育、能源創新、醫療保健等。和其他Maker分享任務，對個人而言也會是個很有成就感的經驗。藉由記錄這些任務，就能向人們展示Maker運動對社會的實質貢獻，說服人們投資這些支持Maker的Makerspace、微工廠和創新實驗室。

身為Maker的你想完成什麼任務？許多藝術家都有一份使命宣言，說明他們做些什麼、為什麼做出哪些選擇。加入解任務的行列，或是自己開啟任務吧。你也可能會發現學著成為Maker的過程，就是解任務的訓練過程。

# Maker Share

**想建立Maker作品集，請上**
makershare.com

Rainforest Connection, TOM, Hannah Perner-Wilson, Tribhuvan University, Field Ready

Radio Mala 在加德滿都地震後建立通訊工具

Field Ready 在尼泊爾使用 3D 列印

# Make:
# DIY聲光動作秀

Action:

Movement, Light, and Sound with Arduino and Raspberry Pi

## 用Arduino和Raspberry Pi
## 打造有趣的聲光動態專題

Arduino是一臺簡單又容易上手的微控制器，Raspberry Pi則是一臺微型的Linux電腦。本書將清楚說明Arduino和Raspberry Pi之間的差異、使用時機和最適合的用途。

透過這兩種平價又容易取得的平臺，我們可以學習控制LED、各類馬達、電磁圈、交流電裝置、加熱器、冷卻器和聲音，甚至還能學會透過網路監控這些裝置的方法！我們將用容易上手、無須焊接的麵包板，讓你輕鬆開始動手做有趣又富教育性的專題。

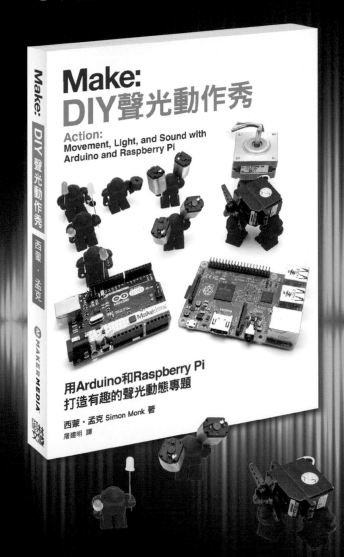

Make:
DIY聲光動作秀

Action:
Movement, Light, and Sound with
Arduino and Raspberry Pi

用Arduino和Raspberry Pi
打造有趣的聲光動態專題

西蒙‧孟克 Simon Monk 著
屠建明 譯

◎從基礎開始，熟悉並完成各種動作、燈光與聲音實驗專題！

◎詳細的原理介紹、製作步驟與程式說明，輔以全彩圖表與照片。

◎學習控制各種聲光裝置，以及透過網路監控裝置的方法！

# MADE ON EARTH

## 綜合報導全球各地精采的DIY作品

跟我們分享你知道的精采的作品

譯：敦敦

Joel Reid

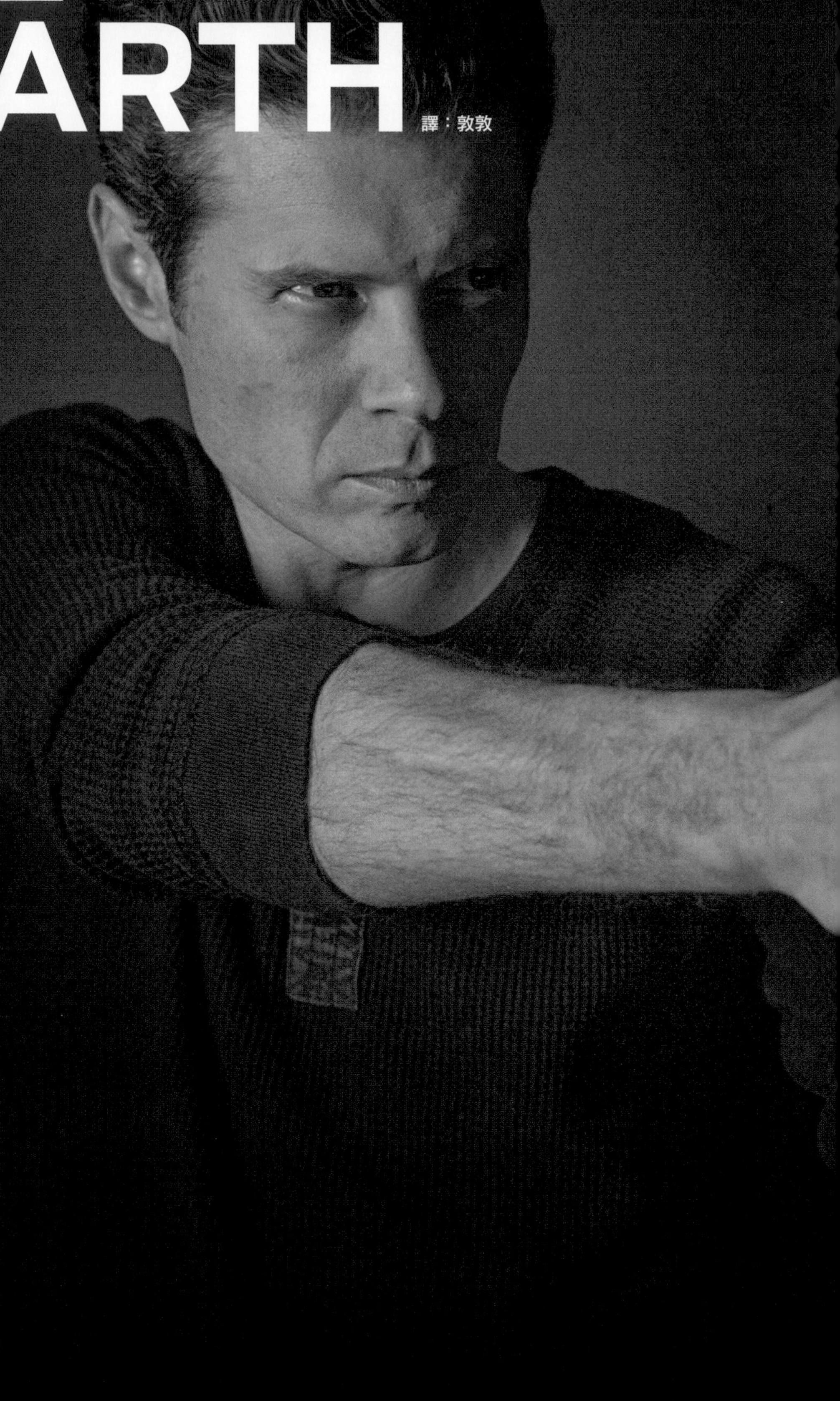

## 音量全開

**JPIXL.NET**

約翰・艾德加・派克（John Edgar Park）的最新作品是一把實物大小的音波槍，這把槍是電玩遊戲《鬥陣特攻》（Overwatch）中，人氣英雄路西歐（Lúcio）的武器。它能夠模擬遊戲中的槍來「發射」音樂，還會在切換曲目時顯示黃光或綠光。

派克很喜歡這把槍的設計，決定要自己打造一把音波槍。「與其他遊戲中的槍比起來，我知道我可以更忠實、安全地重製這把槍。」他說，「當然，這把槍不能真的將任何人震出場外，但除此之外，這把槍幾乎和遊戲中的槍一模一樣。」

這把槍採用與Arduino相容的微控制器來控制NeoPixel LED燈，也配備Adafruit的MP3播放器來播放音樂和槍聲的音效。整個製作過程最難的部分，就是將這些電子元件都容納在槍枝有限的空間中，「我發誓剛開始時，看起來是有足夠的空間可以放這些元件的，」派克說，「但到最後真的很擠。」

完成了音波槍之後，派克開始反覆思考幾個未來的專題。雖然不一定要與《鬥陣特攻》相關，但目前也還沒有具體的計劃。也許他會考慮加上一些方式來連接IPod shuffle，讓音波槍變成有型的喇叭，或直接選擇其他《鬥陣特攻》的英雄角色，利用二氧化碳瓶做一個相對實用的「小美」冷凍槍。

——喬登・瑞姆

# 半空中作畫

譯：編輯部

**BEHANCE.NET/WILLATWOOD**

乍看之下，威爾・亞特伍德（Will Atwood）的三維樹脂畫作就像是一幅普通的畫。然而，當你仔細觀看，你就會看見顏料的陰影。透過不同的角度，畫作不同的層次就會顯現出來。

亞特伍德的作品通常會有約20層。他會同時處理許多作品，以優化他混和樹脂和等待顏料乾燥等工作流程。「如果我不停地工作，」他說，「我可以在幾星期內從頭到尾完成好幾件作品。」

在規劃作品時，亞特伍德會利用Illustrator、Photoshop及Blender、Rhino和Fusion 360等設計軟體。「雖然在創作時，樹脂層很容易去除，但當我想要創作涉及多層次的原型時，就會使用數位工具來編排，預想最後的效果。」他解釋，「我也受到數位與類比混合的科技層面啟發，使用大量的工具來激盪出創新的想法，製作出新穎的事物。」

然而，樹脂材料本身也會讓情況更加複雜。他說創作最困難的部分在於樹脂麻煩的特性。要讓它維持潔淨無瑕幾乎是不可能的事──頭髮、汙漬和氣泡等小瑕疵都不可避免。若作品有了這些不太好看的瑕疵，Atwood就必須改變原先的計劃。「有時，這些應對突發狀況的改變所產生的結果，比我原先計劃的更加有趣！」他說。

亞特伍德現在正在創作無邊框的作品，讓作品能從各個角度欣賞，如右頁的作品「Second Law」。

——蘇菲亞・史密斯

譯：編輯部

# 巨人菲利浦

MAKEZINE.COM/GO/LAND-PHIL

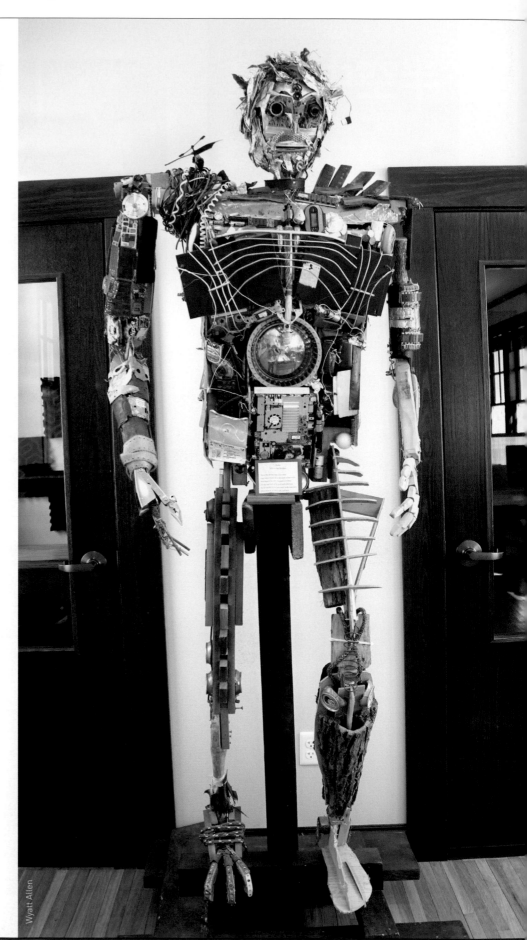

一切都是從一隻木頭左手臂開始。完成後，我就打算為它組裝整個身體。

「菲利浦」是一臺由經過多年蒐集、改造和再利用沒人要的垃圾組裝而成的機器人。我的個子很高，但菲利浦的身高更高達7英尺（2.13公尺），肩膀也很厚實。它由合板支撐的身軀，每一個部位都是用貝殼或舊遊戲機等廢物再利用打造。

它身體的各個部位和相應的材料都具有主題性。我試圖使用類似「腸子」的材料打造腹部，並用更大型的材料打造四肢。因應Maker的傳統，我使用了許多Altoids薄荷糖盒子來組成外殼。他的「骨骼」支撐物則用帶鋸機修整合板，使它們能拼裝在一起。

它的大部分部件都是可相對移動的。它的肩膀像我們一樣可以旋轉，它的頭部可以轉動，膝蓋也可以彎曲。在製作過程中，我不曾進行任何測量，每一個步驟都是用眼睛觀察就下手。這讓創作過程變得十分流暢。在我打造了各個部位的框架後，就單純地以我喜歡的質感決定材料。這種使用材料的方式（僅利用我手邊有的東西，也不做任何計劃），讓材料本身具有和我的意見差不多的影響力，共同決定了整件作品的樣貌。這是主要讓老菲十分特別的地方。

老實說，整件作品最難的部分在於設計和組裝一個可行的專題。它的個子十分巨大。目前它位於美國明尼蘇達州威爾瑪的一間名叫Workup的工作坊裡。我目前想要為它打造一個同伴，像是一隻停在他肩上的鸚鵡。用回收物來模擬羽毛的質感應該很好玩。

——班 · 諾艾德尼

譯：敦敦

# 太空床發射！

MAKEZINE.COM/GO/SPACE-BUNK-BEDS

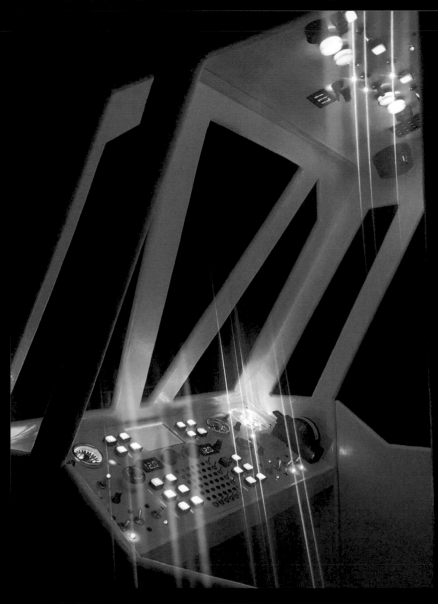

如果有年度最佳 Maker 爸爸獎，今年的獎項無庸置疑要頒給製作互動式太空座艙上下舖的彼特・迪寧（Pete Dearing）。

他發現了孩子們對按鈕的熱愛，「電梯、遙控器、電話，他們就是愛按按鈕。」一開始，他只是在舊的工具箱上安裝了內附電源的基本控制儀表板，但孩子們不停地希望再能多加些按鈕，所以他決定做些能更長期使用的作品，因為缺乏實際的電工及木工經驗，所以迪寧在網路上尋求靈感後，購買了外型為火箭座艙的上下舖製作方案（playhousedesigns.com/product/space-shuttle-bunk-bed-plans）。

建造過程大約 100 小時，為適合空間而調整建造計劃後，迪寧就準備好動起來了！他依照大圖輸出印出的藍圖，裁切 MDF 密集板，透過剪貼及擺放零件，展示儀表板的空間規劃。小朋友不只幫忙，還提出了更有創意的想法，「拉門下的隱藏房間就是我 5 歲小孩的主意，他問說我們可不可以割扇門出來，讓他把玩具給藏起來。」

迪寧說，設定好儀表板後，因為只考慮床舖前方部分來設計，但較大的部件其實幾乎都在後方，所以接電路的空間很侷限，算是整個設計中主要的疏失。

「整組上下舖需要 12 伏特的電力，晚間會有定時器將電源關閉，同時只有在孩子們主動去玩的時候才會開啟電源。」迪寧說。孩子們也總是喜歡在遊戲中使用那顆緊急停止的大紅色按鍵。

燈光、聲音、風扇、儀表和艙前的大燈都可透過大部分的按鈕直接控制，聲音則都透過 Raspberry Pi 控制，另外，迪寧還做了幾組附麥克風的耳機，孩子們就能像真的太空人一樣互相溝通！

雖然上下舖的外型是艘太空船，但在遊戲中有時會變成各式各樣的工具，像是巴士或是潛水艇等。當我們問到若是需要迪寧駕駛太空船的時候呢？他說「當然我無法輕易塞進駕駛艙，但仍可以戴著耳機加入他們！」

——莎拉・維塔克

# MAKER FAIRE魔幻時刻

透過照片一覽2017年聚集在5月盛會的超棒創作專題

文：赫普·斯瓦迪雅　譯：敦敦

①

Maker Faire是世界上最能讓人興奮拍照的盛事之一，每年我們的攝影團隊總是能捕捉到嘉年華的精華之處。這裡有些於2017年五月，我們灣區（Bay Area）主展場展出的精彩作品。

**①** 吸引（**Le Attrata**）是一座壯觀的作品，呈現了蛾類對光與熱、人類對於複雜的火焰的迷戀。三座從地面高聳而立的金屬蛾雕像，伴隨巨大的雜音噴射出有顏色的火焰特效。
—攝影：席德尼·帕瑪（Sydney Palmer）

**②** 大恐龍托博爾（**Tobor The Gigantic Dinosaur**）透過改造過的Wi-Fi手套可操控托博爾撿起物品。來自**北安普頓社區大學Fab Lab（Northampton Community College's Fab Lab）**14位不同學科的人組成團隊，打造了托博爾。
—赫普·斯瓦迪雅（Hep Svadja）

**③** 由色譜構造（**Chromaforms**）製作的**千斤頂（Jack）**，巨大、膨脹的外型是孩子們的最愛。只有140磅重，一群小朋友可以輕易的推動它、甚至將它抬起。
—赫普·斯瓦迪雅（Hep Svadja）

**④** 2017年的暗房（**Dark Room**）重點展品是由**彼得·哈德森（Peter Hudson）**製作的**深沉（Deeper）**。以巨大、發亮的西洋鏡（zoetrope）模擬人潛入地底的動作。
—貝卡·亨利（Becca Henry）

**⑤** 動力車系列耐力賽（**The Power Racing Series Endurance Race**）的獲勝者，由左至右為：別在我家旁邊開法拉利（Nimby Ferrari）、凱蒂搔癢（Kitty Grabs Back）、瑪利歐賽車（MarioKart）。
—赫普·斯瓦迪雅（Hep Svadja）

**⑥** 美國的探索館小小實驗室（**The Exploratorium's Tinkerlab**）提供所有年齡層的藝術家「靈光乍現」來表現藝術的機會。實驗室中都是光線折射的實驗，用紙板搭建成的電影場景，還有一個畫廊展示許多發光的立體紙雕箱。這間實驗室總是能讓所有人都開心。
—桑·謝納（Jun Shéna）

**⑦** 亞當·薩維奇（**Adam Savage**）騎著La Machine的**「機器蟻」**去參加教會主日。La Machine是由**法蘭斯·德拉侯奇耶何（François Delarozière）**帶領的法國街頭表演團體，主要打造精緻又令人驚嘆的機器生物。他們整個週末都讓Maker Faire的贊助人駕駛這隻機器蟻。
—桑·謝納（Jun Shéna）

**⑧** 空中運動聯盟（**Aerial Sports League**）提供了一個充滿FPV（第一人稱視角）無人機活動的豐富週末，可以在發光的多層高架賽道中比賽。與會的民眾也可以坐在指定區域當陪同的副駕駛，和競賽中的駕駛員一起飛翔。
—貝卡·亨利（Becca Henry）

**⑨** 熔爐（**The Crucible**）正在努力工作度過一個熱到冒汗的週末，教授各樣的火熱創作，包括打鐵、玻璃吹製。
—赫普·斯瓦迪雅（Hep Svadja）

**⑩** 當你有點承受不了眼花撩亂的Maker Faire時，你可以躲進**水銀金字塔（AZoth Pyramid）**裡，透過生物回饋療法、坐在配備立體音響的椅子上、享受帶著節奏的光科技，體驗冥想般的平靜。
—赫普·斯瓦迪雅（Hep Svadja）

**⑪** 蜻蜓造型的奧多（**Odo**），是克里斯·梅里克（**Chris Merrick**）創作的美麗立體裝置藝術，照片中它正優雅地漫步走過。奧多由許多金銀絲鑲邊的不透光鑲板組成，塞滿了LED。
—桑·謝納（Jun Shéna）

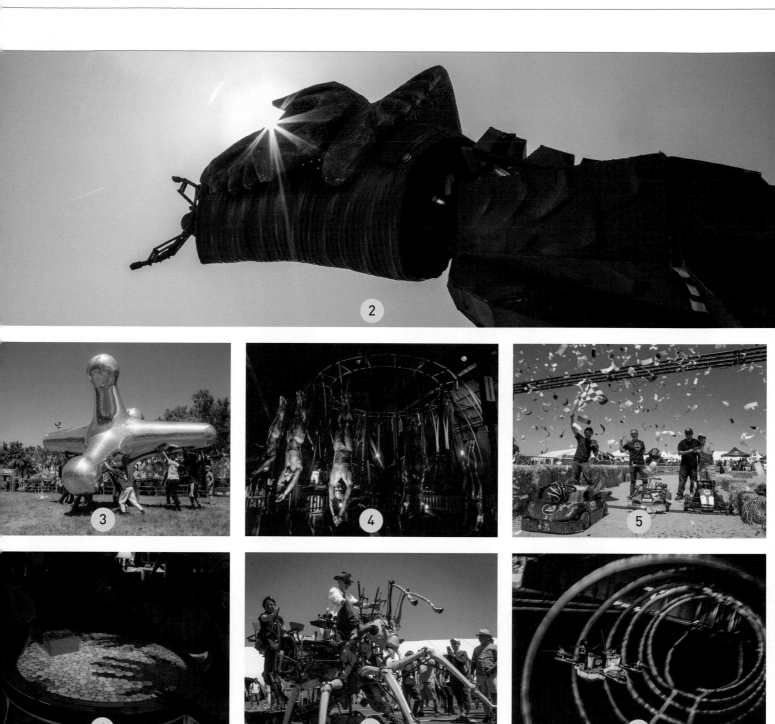

女性站出來

# STANDING OUT

文、攝影：麥克・西尼斯　譯：屠建明

# 女性工程師在首屆
# Maker Faire Kuwait
# 發光發熱

**麥克・西尼斯**
**Mike Senese**
《MAKE》雜誌
執行編輯。

位於伊拉克和沙烏地阿拉伯之間、波斯灣（當地稱阿拉伯灣）西北角的科威特是一個三角形的小國，國土面積約和康乃狄克州加上羅德島州一樣大。

它曾是阿拉伯半島造船和貿易的首都。在1930年代發現廣大油田後，科威特即特別著重科學和技術的發展，使之成為全球最富有的國家之一。

在我來到科威特參加首屆Maker Faire Kuwait之前，還不了解它的這些面向。夜晚，當飛機越過波斯灣並逐漸下降時，我看見高聳、現代化的市中心在飛機下方閃耀，海岸上的每棟建築都以強光照亮著。和西方城市相比，這裡的道路顯得冷清許多，我後來得知這是因為全國禁酒，沒有真正的夜生活，而且也因為這裡每天早上5點要晨禱，接著從7點工作至下午3點的緣故。（科威特也不課稅，這是他們經濟地位帶來的另一項福利。這裡的保時捷卡宴休旅車和美國的本田喜美汽車一樣多。）

白天，沙粒掩蓋了部分夜晚的光輝景象，塵土飛揚的建築工地顯示出從過去到現今滿是摩天高樓市中心的快速轉型。

## 高科技工程師大展身手

翌日早晨，我來到了科威特國際展覽館（Kuwait International Fairgrounds）。這棟閃亮的金屬和玻璃建築座落在離市中心半小時車程、發展十分快速的地區。我在這裡見到了科威特投資公司（Kuwait Investment Company，KIC）的資深公關赫拉・蒙特谷（Hala Montague）。該公司是Maker Faire Kuwait的主要贊助商和主辦單位。充滿活力的她（也是接下來三天的熱情導遊）快速地為我介紹了許多名參展者，包括一名興高采烈的當地藝術家。這名藝術家在小如彈珠到大如橄欖球的鳥蛋上雕刻精細的圖樣——他和我說，大的鳥蛋特別難找。我注意到有好幾群學童在館內參觀，專注地聆聽Maker們講解自己的專題，並積極參與3D筆工作坊、用球丟擲牆上的虛擬氣球來贏得獎品。年輕的氣息不只在Maker Faire可以感受到，而是瀰漫整個科威特，因為這裡的人口有

70％年齡都在30歲以下。

另一個協助舉辦Maker Faire的組織是Creative Bits Solutions，這是一家設於科威特的公司，向中東的Maker經銷工具和電子元件，由阿莫・阿薩勒（Ahmad Alsaleh）和家人創立經營。他和朋友納瑟・哈利迪（Nasser Alkhaldi）創辦了科威特的第一家FabLab，將Maker運動引進國內。另外，他也設計和販售教學用機器人硬體平臺Ebot。2014年，他們以Maker身份參加World Maker Faire New York，並帶著自己舉辦Maker Faire的想法回國。

科威特的主辦單位將展覽分成兩個部分：展覽館的一邊設置了藝術專題區，另一邊則是科技專題區，總共有67名當地Maker在這裡分享從高科技發明到手工藝等各種專題。其中有許多科技類的參展團體來自當地大學的工程學程，或是剛畢業的學生展示學校的專題。

在參觀科技專題區的過程中，我發現這裡的Maker多是電機、機械、電腦科學和IT等領域的年輕女性。在這裡，女性Maker的比例高於我在歐美看過的所有Maker Faire。這樣的比例可以歸因於該國歷史和近期的工程與科學需求。科威特豐富的資源一直受制於相對低的人口，而這讓女性有更多的就業機會。而盛行旅行文化的國家，理念也更傾向現代，儘管經歷過80年代初期的股災和1990年伊拉克的侵略，科威特在藝術、媒體、政府和性別等方面態度都十分進步。根據2016年2月的官方報告，國內勞動力中的女性比例甚至超越男性。

這並不代表科威特的性別已經取得了完全的平等——她們在12年前才開始擁有投票權，而且國內仍有穿著不可太暴露的規定，同時，法律也允許男性重婚。在展覽會場上，也很難找到男女共組的Maker團隊，但當我提起這個議題時，並沒有引發什麼強烈的反應。

有許多女性參展者的專題都是以生活輔助為主題：其中一個團隊打造出將一般輪椅電動化的平價裝置。另一個團隊做出來的是能將手語翻譯成口語的攝影裝置。有四名女性展示了糖尿病外傷偵測裝置，能幫助診斷出糖尿病造成的足部傷

# 國內勞動力中的女性比例甚至超越男性

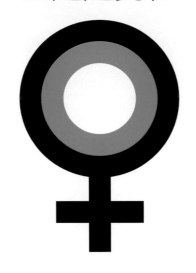

害。還有兩名女性為阿茲海默症患者打造出能提醒並提供工具的應用程式。有一名女性打造出機器鼻子，其中一項功能是幫助嗅覺受損的人們判斷農產品是否新鮮。其他還有能偵測並採收成熟水果的履帶機

---

1. Maker Faire Kuwait主辦人阿莫・阿薩勒和KIC的赫菈・蒙特谷在活動第一天合影。

2. 「多功能輪椅」（Ability Wheelchair）是由法蒂瑪、法蒂瑪與德雅（Deyar）共同打造的電動化標準輪椅。

3. 「我的聲音」（My Voice）是由安法（Anfal）與莎拉（Sara）打造的手語翻譯裝置。

4. 阿茲海默症輔助應用程式「Rico」的設計者安娜弗（Anaf）與菈文（Rawan）。

5. 「Scrollsaw Arts」的女性藝術家在展出期間現場創作。

6. 法蒂瑪的連線感測器住家模型是由Arduino驅動。

7. 馬娃（Marwa）正在解說以FabLab UAE設計生產的模組化數位製造工具AnyMaker。

8. 由阿雅・阿德克（Aya Al-toukhy）打造的救火用無人機「Auxilio」。

---

器人（其中一名Maker在展示上面的機器手臂時解釋：「其他的機器人都沒有像我們這樣的手臂」）、自製CNC PCB切割機、模組化數位製造機、「連線住宅」（connected home）房屋模型（設計者法蒂瑪（Fatima）說：「我才剛開始學習Arduino」）、救火用耐熱無人機，還有更多——全由對自身作品自豪卻又謙遜的女性設計。

這裡的男性也帶來了許多充滿創意的精采專題。中學兄弟檔穆罕默德（Mohammed）和約斯菲（Yousef）打造了一款「Gate Game」，由Raspberry Pi驅動和控制，讓玩家以實體開關啟動螢幕上的邏輯閘，嘗試點亮虛擬LED。這個遊戲既有趣又具有挑戰性，也非常具教育意義。我詢問穆罕默德這個專題的靈感從何而來，他回答時聳了一下肩說：「老實說，是電玩遊戲《當個創世神》（Minecraft）。」有一個團隊的自動擦拭白板專題採用了阿莫和納瑟的Ebot控制器來驅動機械板擦。另一個名為「Kuwait 1951」的團隊以虛擬實境重建66年前科威特的景象，人們可以透過HTC Vive虛擬實境頭戴裝置來體驗。有些團隊從鄰近國家如沙烏地阿拉伯和卡達而來。卡達科學俱樂部（Qatar Scientific Club）帶來的是機器駱駝騎士。這個團隊不斷地改良當地的賽駱駝活動，用小型、輕量的遙控機器人固定在駱駝背上揮鞭來取代兒童騎士。來自卡達的Maker央斯（Youns）和納瑟弗（Nasef）帶來了用巴士改造而成的行動工作室Sanea Bus，內有工作臺、種類齊全的littleBits、雷射切割機、Ultimaker 3D印表機和Inventables Carvey雕刻機等。「如果你有要拍照，請將照片拿給扎克・卡普蘭（Zach Kaplan，Inventables公司創辦人）看。」他們說。

由於Maker運動在科威特才剛剛開始，有許多參展者都想要獲得專題方向的認可。「你覺得如何？OK嗎？」是這週末男女Maker都很常問我的問題。與Arduino相關的專題不少，但沒有我在其他Maker Faire上看到的多。「Gate Game」和一個魔鏡專題是我看到唯二採用Raspberry Pi的專題。這些Maker傾向使用較傳統的

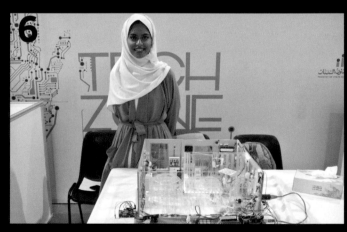

電子元件、繼電器和驅動程式。我告訴每個人實話：他們的專題都很棒。有些人問：「那你會投票給我嗎？」阿莫後來解釋，主辦單位透過 Instagram 舉辦了一個競賽，從兩個專題區（藝術和科技）各選出五個獲勝專題，首獎各是 2,000 KD（約 6,500 美元）。

## 「我們仍未 恢復正常」

—赫菈·蒙特谷，談及1990年的侵略

### 當西方遇上中東

中午，阿莫帶帶我到科威特市中心吃午餐，在是一家我我出國前就搜尋到的窯烤披薩店用餐。味道還不錯。科威特多數地區都展現了知名國際企業和西方觀念的融合。我們聊到了1990年侵略事件的影響——當年他12歲。他告訴我當時很恐怖，才七個月，全國就被夷為平地。（「我們仍未恢復正常。」赫菈後來告訴我）高中畢業後，阿莫就搬到美國南加州，並於加州州立大學富勒頓分校就讀工程相關科系。他在當地和室友建立他的第一間電腦更新服務公司，十年後才回到科威特開設新公司。「我很高興能在這裡成家立業。」他說。我問到的大多數科威特人都有去過美國，有不少是去念書，而幾乎所有人都經常旅行。展覽會場的中間區域劃分為多個活動區：機器手臂工作坊、木工坊、戰鬥機器人

和一隻以CNC切割製作組合的大鳥，讓孩童在展出期間自由上色。另外還有一個3D列印區，讓訪客能在Tinkercad上設計物品並列印出來。這些區域的中央是由阿莫·阿瓦德（Ahmad Awadh）展示的巨型自行車「Big Bike」，光是輪子就高達6英尺。他會定時讓人緩慢騎過展覽館並鳴放電子喇叭，吸引眾人圍觀，成為展覽亮點之一。

第一晚，在我的簡報進行到一半時，我體驗到當地的文化差異之一：舞臺監督出來喊停，因為快到禱告時間了。緊接著，他們要進行每日的全國轉播贈送活動，獎品是前往杜拜的週末購物私人專機之旅。我走下舞臺和參展者們拍照，這時，有志工操控一臺DJI Mavic無人機繞著我們飛行。約20分鐘後，我回到臺上繼續我的簡報。展覽在晚上9點正式結束，但每天晚上都有人在會場待到超過晚上10點。所有

參與者，從訪客、Maker、志工到主辦單位都散發出極具感染力的熱情。

### 選出獲勝者

藝術專題區的內容十分多樣，但有一個主題相對較為常見。在該地區（以及科威特全境），有關傳統帆船的設計能強化水和旅行在該國的重要性。藝術家們帶來了美麗的木船模型並現場創作，現場還有動漫雕刻師、製刀師和傳統藝匠。在藝術專題區中，男性及女性都有豐富的作品。相較於以女性為主的美國手作工藝領域，Maker Faire Kuwait的藝術專題區則有較多男性參與。

在展覽的最後一夜，主辦單位在舞臺上公布了Instagram競賽的10組贏家。藝術專題區首獎贏家是納瓦夫‧胡笙（Nawaf Hussine），他用水管打造了可愛的觸控燈。他的朋友們在公布獲獎者時大聲歡呼，將他們的「ogal」（黑色頭巾繩）丟上舞臺，接著將他舉起來，不斷拋向空中。主辦單位接著公布了科技專題區的贏家，從第五名倒數開始，分別是電動輪椅、阿茲海默症應用程式、救火無人機和採果機器人，第一名則是打造糖尿病外傷偵測器的團隊。這些團隊有什麼共通點呢？科技專題區的五組贏家都是女性團隊；主辦單位在頒獎典禮後，自豪地向我提及這一點。KIC執行長貝德爾‧蘇巴耶（Beder Alsubaie）下了一個很簡潔的結論：「我們都愛女人。她們比男人還聰明。」 ◐

1. 「糖尿病外傷偵測器」團隊：諾拉（Noura）、以色拉（Esraa）、安娃（Anwar）、夏卡（Shaika）和阿米菈（Amira，照片未攝入）。

2. 法蒂瑪‧哈亞特（Fatima AlKhayat）展示了「E-nose」，「一臺以感測器陣列和模式辨識系統模仿人類嗅覺系統的裝置」。

3. 特製PCB切割機，由工程師阿法菈‧阿布杜拉茲‧穆特里（Afrah Abdulaziz AlMutairi）打造。

4. 科威特美國大學工程師希芭（Heba）、法特瑪（Fatma）和法蒂瑪展示他們的「採收機器人」。

5. 蒂可拉雅‧夏米里（Thekrayat AlShamiry）使用陶土和回收材料來創作。

6. 科威特青年事務部次長撒恩‧阿薩巴（Zain AlSabah）也參與了第一天的活動。

7. Maker Faire Kuwait的主辦單位和志工在三天活動的最後一夜終於可以放鬆了。

8. 科威特市中心：閃亮的高樓和因日曬褪色的住宅形成美麗的對比。

# Zero to Sixty
全力加速

文：DC·丹尼森　譯：屠建明

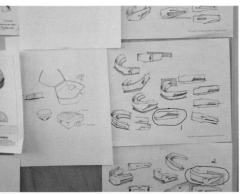

諾拉美·凱蒂娜　尚恩·艾羅拉

# Make in LA如何透過師徒模式帶領新創公司大步前行

**DC・丹尼森 DC Denison**
《Maker Pro Newsletter》電子報編輯，撰寫有關 Maker 和產業的相關報導，同時也是《Acquia》網站資深科技編輯。

你可以至 makezine.com/go/make-in-la 閱讀更多有關艾羅拉和凱蒂娜的消息。

尚恩・艾羅拉（Shaun Arora）和諾拉美・凱蒂娜（Noramay Cadena）是前期硬體加速器和創投種子基金「Make in LA」的創辦人，引領著美國洛杉磯蓬勃發展的硬體新創公司社群。自2015年開始，Make in LA已完成了三個梯次硬體新創公司的投資、指導和畢業的程序，各家公司皆完成了四個月的密集課程，幫助他們讓概念形成可用的產品。艾羅拉和凱蒂娜見證過了數千件初期專題的案例，我們請他們分享有關加速器生態的看法。

### Q. 孵化器（Incubator）和加速器（accelerator）有何不同？

A. 如果你要做的產品有著完整的規範、上市前準備時間很長、或是還有許多考慮的選項，你就比較適合孵化器。加速器則適合快速學習並進攻關鍵市場的情況。利用加速器做出好成績的人們通常會尋求大市場，並且能適應加速器所伴隨的速度、責任文化和高標準。

### Q. 選擇洛杉磯加速器的理由是什麼？

A. 和其他城市不同，我們有著豐富多樣的資本和硬體。前期的選項有許多種，例如天使、天使網路、加速器、孵化器、創投甚至是超級天使和名人投資。人們在這個城市中說著超過200種語言，讓我們能進行全球規模的客戶探索。我們的港口經手全美46％的進口貨物，所以我們的生態系統具備同級最佳的物流和包裝系統。我們的博士畢業生比灣區還多。我們有著全美最充裕的製造業勞動力。這樣的生態系統非常適合培養新的硬體公司，例如SpaceX、Ring、Hyperloop、Daqri、Neural Analytics和uBeam等。現在，我們正見證超過170家硬體公司在當地生態系統發展著。

## Make in LA給硬體新創公司的6個建議

### 1. 不要單打獨鬥

在創立公司的前期，創辦人要找出合適的運作方法。如果只是在車庫裡打拼，沒有不斷地獲得他人的意見，就可能做出只有自己會喜歡的產品。請不要害怕分享。我們發現有許多Maker對自己的想法過度保護，擔心會被偷走，但有更多例子是團隊向外界分享後，獲得了許多逆耳但有價值的意見回饋。還能在量產之前發現關鍵錯誤，及早修正。

### 2. 專注在量產

製作原型和量產有非常大的不同。在很多情況下，創辦人對原型的付出沒有被計入生產成本中，也沒有考量如何擴充製造規模。建立供應鏈、全程執行品質監控，以及機器設定的細節都非常重要。在轉換至量產的過程中，Maker很容易將元件供應和品質視為理所當然。我們幫助創業者做的其中一件事，便是用量產設備來製作原型。對這個過程愈了解，就愈能夠解決未來的問題。他們也會更加熟悉哪些設計要素會讓量產更簡單或困難。

### 3. 盡力犯錯

我們提醒創業者要盡可能延長跌跌撞撞的時間，因為在我們這裡，他們可以安全地犯錯，並且從產品或方法中的錯誤學習。如果他們將時間花在把東西做得美觀，會有兩種結果：測試的時間變少，同時更難聽取意見。

### 4. 信念要堅強，但別緊握不放

這個方法可以激發討論，同時不產生壓迫感。我們可能會覺得某款雨傘設計不良，但如果你有將雨傘設計成這種形狀的好理由，我們不會緊咬不放；你可以說服我們，而我們也準備好繼續嘗試。

### 5. 用白話解釋想法

設計產品時，你很容易開始將討論轉向產品功能有多厲害，接著術語就出現了。有一次，我在向人介紹我們的區塊鏈程式硬體，接著他就問：「區塊鏈是什麼？」被迫要解釋時，我就必須想出能讓對方感興趣的說法、必須去思考基本的問題，像是「為什麼要做這個？」「這是什麼意思？」

### 6. 「將每個細節琢磨到完美，同時降低需要琢磨的細節」

這句名言來自推特和Square的創辦人傑克・多西（Jack Dorsey）。在硬體界會遇到的一個問題是：升級產品的同時，複雜性和成本也隨著增加。你有沒有說過像「加上這個功能，產品會更好」這樣的話？請思考這麼做能增加多少收益，以及這個範疇變更的前期成本要花多少時間回收。我們必須停下來自問：「這個決定對公司整體有好的影響嗎？」答案通常是肯定的，但有時候新增功能只是出於表面上的優勢。影響的不僅是開發成本和時程。新增功能後，目標客群還是原來的客群嗎？ ◗

Make in LA

文：露易絲・格拉斯奇　譯：編輯部

# Come Together

## 合「做」無間

### 和別人合作打造專題更能有所成就；但首先，你需要訂定計劃

一切都是從「我有一個想法！」開始。當有人喜歡另一個人的點子時，他們便可以開始合作打造專題。但是，為了讓每個參與專題的人都可以攜手合作、貢獻並享受製作過程，我們需要一些基本的計劃原則，否則合作專題將會雜亂無章。

我可以提供一些小技巧，幫助你領導一個團體合作專題：

#### 集思廣益

將所有想法列成幾個可實現的小任務，從中找出需要研究哪些領域、需要蒐集什麼用具、需要鑽研什麼技能？進度訂定完成，便可以開始分工，讓所有人都參與其中。

#### 組織團隊

召集擁有各種不同能力和「肯做精神」的人才。記住，每個人都能帶給這個專題不同的觀點，而不同的觀點很重要。

#### 創造積極正向的工作環境

要支持成員的行動並對其表示感謝，也要多多鼓勵成員。清楚了解每個人需要完成的進度有助於建立有效的溝通。

Task management tools 是一個開放平臺來記錄流程和共享訊息。聆聽是關鍵，它提供了解問題的機會。你必須創造一個以「解決問題」為基礎的工作環境，並明智地處理問題：沒有責難，只有解決。

#### 時間就是金錢

了解每個任務過程所需的時間有助於專題的進行和日後的成果展現。它可以用所有待完成任務的先後順序呈現。有些任務進度取決於其他任務，整理出順序表是一個有助於釐清專題進度的方法。訂好時間進度表可讓整個專題按順序進行。

開會很重要，從議程開始，概述需要完成的任務，檢查每個項目，確認所有項目的負責人，並記錄所有內容。我經常使用時間表來訂定會議議程。有一個小訣竅：完成本次會議時，就決定下一次會議的主題，這樣可以節省時間並幫助大家做好準備。

現在開始將你的想法變成屬害的團體專題吧！ 🅜

**露易絲・格拉斯哥**
**Louise Glasgow**
Maker Faire 執行製作人，成功地與藝術家和 Maker 合作，企劃了這個獲得許多獎項的活動。她擁有超過 30 年的活動執行經驗，包括國際愛滋病大會、2002 年冬季奧運會和 Dwell on Design 設計展。

霸氣的
**MegaBots**
團隊
愈玩愈大了

文：麥克・西尼斯
譯：謝明珊

麥克・西尼斯
**Mike Senese**
《MAKE》雜誌執
行編輯，他的推
特帳號是
@msenese

# 放手一搏
# MegaBet

Megabot 的工作室低調地隱身工業區中，坐落於進入橫跨東灣郊區與閃亮矽谷大橋之前的第一個出口。這裡從外觀看不見窗戶，只能看見一扇通往工作區的密實大門及金屬滑動柵門。門外貼著的一張「找 MegaBots 請按灰色鍵」字條，是唯一能透露出端倪的線索。

走進大門，每一件東西都是特大號尺寸。室內空間挑高且狹長，隨處可見巨型工具和部件。牆上的 MegaBots 標誌正對著三道高聳的艙門。然而，最醒目莫過於正中央的黑色大型機器人半成品。機器人屈膝跪地，儘管缺少了手臂和座艙罩，依然令人嘆為觀止，尤其是當團隊人員爬到機器人身上調整電線和液壓懸掛裝置時，更顯露出機器人的宏偉。

這就是耗資 250 萬美元打造的格鬥機器人——MegaBots Mk.III。創作者期許 Mk.III 能夠結合終極格鬥和怪獸卡車競技，開啟新的現場娛樂模式。經過了近兩年的宣傳活動，Mk.III 終於計劃於下週公開亮相。與如此緊張的時程相比，工廠的氣氛似乎顯得過於冷靜。

## 群眾募資機器人格鬥聯盟

MegaBots 創立於 2014 年，兩位創辦人分別是兩大 Makerspace 的負責人，一位是波士頓工匠庇護所（Artisan's Asylum）的蓋伊·卡法甘迪（Gui Cavalcanti），另一位是 i3 底特律（i3 Detroit）的麥特·歐海倫（Matt Oehrlein）。他們都曾經帶領社群進行大型團體專題，後來更是進一步合作，共同打造機器人來成立一種新型態的格鬥聯盟。

「當時有一些天使投資人，」歐海倫和我們聊到 MegaBots 的緣起，「他們說：『拿這些錢，盡全力做機器人吧！然後發起群眾募資看看成果會如何。』我們運用那些資金打造了半個機器人，並運送至紐約動漫展展示。」

「有些人看不出來這是什麼，」他接著說，試圖描述參觀民眾對這部重達 7 噸、內有駕駛艙和鋼砲臂，現身在賈維茲會議中心（Javits Center）大廳的機器人有何反應，「有很多人驚呼，『這是什麼？是哪一部電玩的角色？是哪一部電影的角色？還是哪一部漫畫的角色呢？』只有少數約 20％ 或 15％ 的民眾知道這是什麼，那些內行人欣喜若狂。那應該是我初次感受到：『嗯……這部機器人也許還是能引發共鳴的。』」

第一次的 Kickstarter 群眾募資預計要募得 180 萬美元，打造兩部能以時速 120 英里互射巨型漆彈的格戰機器人，最後卻以募資失敗收場。然而這兩人仍義無反顧，將工廠從波士頓遷往舊金山，重新打造一部機器人 Mk.II，於 2015 年 5

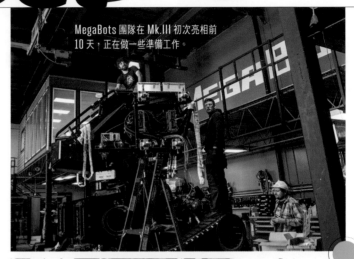

MegaBots 團隊在 Mk.III 初次亮相前 10 天，正在做一些準備工作。

高階液壓系統控制著 Mk.III 的協調動作。

## 如何設計這玩意？

「蓋伊曾在波士頓動力公司（Boston Dynamics）工作過，這家公司顯然與 MegaBots 有共通點，專門打造強大、反應快的機器人。我則在伊頓公司（Eaton Corporation）做過建築設備的液壓系統。將我們的背景形象化，就是波士頓動力機器人加上大怪手，相加的等號後面就是 MegaBots 機器人。」

——麥特·歐海倫

Hep Svadja

## Mk.Ⅲ規格

- » 重量：14 噸
- » 高度：16 英尺（加上老鷹是18 英尺）
- » 容量：2 位駕駛員
- » 作業系統：Realtime Linux Kernel 和 Ubuntu
- » 電子元件：650 條以上的電線，300 個以上的電子裝置
- » 音響系統：4x500W 同軸喇叭
- » 影像：14HD（1080p）防水相機，10xIP65+ 顯示螢幕，連接16in/16out 影像訊號矩陣
- » 液壓：每分鐘 140 加侖，液流 400psi
- » 自由度：21
- » 蓄壓器：鋼頭 Composite BattleMax，Kevlar Jacket，總容量 7.8 加侖
- » 電腦：Logic Supply Neousys Rugged
- » IMU：XSens MTi 系列
- » 門閥：Parker Hannifin 高速比例閥
- » 水管：Parker Hannifin 4000 psi、Tough Cover 和 Super Tough Cover
- » 駕駛控制：每位駕駛員皆有 2x5-DOF 搖桿、2 個踏板、40 個以上的瞬時／搖頭開關
- » 散熱排：6 個散熱器、液壓油、引擎冷卻劑、變速箱機油、引擎油、泵浦回油
- » 液壓油：100 加侖
- » 汽油：17 加侖
- » 引擎油：1.5 加侖
- » 引擎冷卻劑：4 加侖
- » 電線總長：1 英里
- » 連接器種類：M12 A-Code、M12 D-Code、M12 T-Code、M8、BNC、350A 電源耦合等

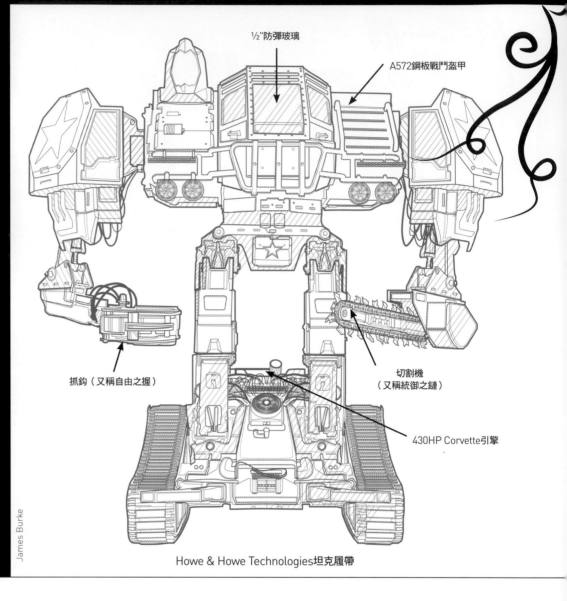

James Burke

½"防彈玻璃

A572鋼板戰鬥盔甲

抓鈎（又稱自由之握）

切割機（又稱統御之鏈）

430HP Corvette引擎

Howe & Howe Technologies坦克履帶

---

> 「你可以想見，格鬥機器人很容易讓人熱血沸騰。」
>
> ——麥特·歐海倫

月 在 Maker Faire Bay Area 首度公開亮相。綠黃相間、經過風化鏽蝕的 Mk.II 散發出戰場老手的氣息。它以坦克履帶行走、以雙腳支撐軀體，並朝著廢棄汽車發射 3 磅重的漆彈，巨大的聲響和誇張的表演深獲民眾喜愛。

### 挑釁日本

2015 年 6 月底，MegaBots 再度躍上新聞：卡法甘迪和歐海倫用影片下戰帖，打算單挑日本體型相似的機器人——日本水道橋重工 Kuratas 機器人。他們兩人穿著美國國旗斗篷、戴著飛官太陽眼鏡，以誇張的愛國主義和機器人火力展現他們的戲劇天分。這讓各地媒體爭相報導——這部影片目前已累積了近 800 萬點閱數。幾天後，Kuratas 製作團隊也發布了影片（也披上了日本國旗斗篷），「接受挑戰」。

早在創立之前，MegaBot 團隊就聽說了 Kuratas，但他們起初並沒有對決的意思。「我們主要是想成立機器人格鬥聯盟，但我們只有一部機器人，也沒有資金打造第二部，」歐海倫表示，「一部機器人要如何成立格鬥聯盟呢？答案就是，尋找其他已經有機器人的團隊。」

隨著媒體報導發酵，MegaBot 趁勢發起第二波 Kickstarter 群眾募資以更新機器人的近戰裝備（應日本團隊要求）。這次他們終於募資成功，從 8,000 位支持者手中募得了 55 萬美元。他們甚至還讓幾名出資最多的贊助者駕駛機器人來砸毀一部豐田 Prius 汽車。他們預計於 2016 年 6 月完工，也會是約 1 年後 MegaBots 在 Maker Faire 的重頭戲。

### 成立團隊

在 Kickstarter 群眾募資之後，MegaBots 又透過創投、表演費、贊助和產品銷售賺得了 385 萬美元，接著就要重新製作新的機器人，但首先，他們必須招募新團隊。

「只要有錢付薪水，這件事

就變得簡單多了，」歐海倫談到團隊成立的過程時有些難為情地說，「不過你可以想見，格鬥機器人很容易讓人熱血沸騰，這絕對是世界上最酷的工作之一。我這樣說並不為過。」

歐海倫接著坦承，「我當時想得很簡單，只要在LinkedIn或MegaBots臉書粉絲專頁刊登徵人啟示就能收到上千封履歷了。我們將條件設得很高，對於我們要雇用的人多所堅持，最後招募到的夥伴也確實很優秀。」

18位全職員工到齊後，隨即展開比Mk.II更巨大、更懾人的Mk.III機器人製作。「這是非常大幅度的升級，」歐海倫指出Mk.II和Mk.III的差異時說，「Mk.II的引擎是24馬力，Mk.III的Corvette引擎卻是430馬力，超級巨大，重量也比Mk.II的兩倍還重，站起來也高出1英尺，搭載近身攻擊武器，應變能力更強；液壓系統更機敏，能輕鬆做出複雜的複合式動作。Mk.II是用槓桿連接閥門，但Mk.III能讓駕駛員雙手操控搖桿，搖桿會直接跟電腦溝通，確認駕駛員要如何移動機器人手臂，並自動讓所有關節的位置就位，整套控制系統可說是數十年科技發展的結晶。」

MegaBots團隊不只打造機器人。他們一直以來的目標是滿足娛樂需求，包括現場格鬥和電視轉播，這些都是MegaBots的主要資金來源，也是吸引合作夥伴的管道——他們的顧問包括BattleBots創辦人葛瑞格·孟森（Greg Munson）和崔伊·羅斯基（Trey Roski），還有流言終結者的格蘭·今原（Grant Imahara）以及其他機器人和電視領域的專業人士。

MegaBots團隊已經開始討論與Kuratas決戰的轉播事宜，同時組成一個現場製作公司，製作過去一年以來Mk.III線上轉播所累積的節目。

## 倒數兩天

在我們初次造訪MegaBot一週後舊地重遊，MegaBots團隊又有了大幅進展。機器人多了手臂和座艙罩，並且移駕至戶外的測試區。那是一處被貨櫃包圍著的水泥地，後來才改造為額外的工作空間，其中有一處提供程式設計團隊使用，也就是來自人機認知研究所（Institute for Human & Machine Cognition）、曾在國防高等研究計劃署（DARPA）機器人大賽獲得第二名的知名機器人學團隊。他們採用一種以Java寫成的特製開源程式碼，比仍要透過乙太網路上傳至執行Linux的Intel i7電腦的ROS程式跑得還要快。

Mk.III站起來的樣子比一週前更令人難忘，設計團隊的神情也更加緊繃，因為只剩兩天，機器人就要在週五的Maker Faire上初次亮相。

「我最擔心的事情就是液壓故障，」歐海倫說，「一旦水管爆開，機器人會突然跌坐下來，或者單腳無法動彈，以致全身傾斜⋯⋯」他解釋，機器人的雙腳行走時各自獨立，不確定能否急停。「比起機器人痛擊汽車後，汽車會不會飛到駕駛艙砸死我，我反而更擔心機器人會故障。」他說。

人機認知研究所團隊也有相同的擔憂，「難就難在比例，以免快速移動時四分五裂。」領導人彼得·紐豪斯（Peter Neuhaus）表示「設計團隊告訴我，機器人臂展有35英尺，

創辦人蓋伊·卡法甘迪正在檢視鋼砲的氣箱。

設計團隊在初次組裝Mk.III時，必須重新配置部分部件。

MegaBots駕駛員必須控制複雜的搖桿踏板和開關系統。

雙手都會動並向外伸展，從機器人的左右往前移動只需要半秒的時間。

那天晚上，設計團隊瘋狂趕工，預計在隔天下午三點將機器人載運至聖馬特的Maker Faire會場。「今天會搞到很晚。」歐海倫說。

## 上場時間

週四來臨，Maker Faire團隊忙著做最後確認，但會場上

Hep Svadja, MegaBots

Mk.III 在 Maker Faire 給了 Prius 一記右直拳。

Jun Shena, MegaBots

「比起機器人痛擊汽車後，汽車會不會飛到駕駛艙砸死我，我反而更擔心機器人會故障。」

——麥特‧歐海倫

仍不見MegaBots的蹤影。原來他們已將機器人抵達時間延至隔天早上。週五中午一過，有一輛平板卡車載著一部刻意斜著身子以符合公路所要求寬度的機器人。他們在前門處卸貨，由於Maker Faire於下午一點入場，這時民眾已開始聚集。卡法甘迪爬上Mk.III，啟動引擎，慢慢駛下斜坡，開往50英尺外的展示位置。即使是蹲著走，機器人也可以很快地離開卡車。民眾開始鼓掌。接下來的整個下午，MegaBots團隊都在安裝機器人，為它加上外部盔甲和肩膀上的巨大老鷹頭，他們告訴我們，未來還會添加別的武器。

第一次公開露面的時間預計是週六早上十點半。那一天，MegaBots團隊在安全隔離柵欄後用卡車起重機吊起一輛豐田Prius。這時，民眾開始湧入狹小的露天座位，另有約20人被擠至MegaBots展示區的柵欄旁。卡法甘迪用麥克風詳細地為觀眾說明Mk.III的性能，包括介紹變速系統（船用）、蓄壓器的功用（類似電容器）以及機器人如何在完全加壓的情況下，將洗衣機甩至75～80英尺遠。他還提到液壓僅使用了機器人25％的效能，畢竟機器人剛組裝完成，他們不想傷到機器人，更不想傷到觀眾。

歐海倫和一位工程師在機器人駕駛艙內設定程式，傳送程式碼給電腦。不料，在啟動引擎後三次加壓液壓系統都是以熄火告終，於是他們以駕駛艙內部乙太連接線上傳修正程式碼。卡法甘迪還跟觀眾開玩笑，說這是現場工程秀。

機器人又開始發出聲響，散熱器風扇揚起風塵，機器人終於抬起腳，但沒過多久，團隊因為發現了幾個程式碼問題又喊停。機器人無法伸縮右臂，右臂頂端是取自大型伐木機的抓鉤「拳」，後來他們將右臂往前旋轉，機器人就能伸展手臂，痛擊前方的汽車沙包了。

下午一點半，機器人揮出了第一記重拳，雖然拳速不夠快，但14噸鋼鐵機器人的力道可不是蓋的，輕輕鬆鬆就擊碎車窗，每次重拳都在車體上留下大坑洞。後來又發生幾次液壓密封問題，團隊只好調整出拳順序。到了那天尾聲，卡法甘迪很興奮地說機器人已經調整好了，可以先轉向觀眾，再轉向車子痛扁它2回，我們總算看到他露出微笑。

表演持續整個週六下午和週日，每次都吸引了大批觀眾，蜂擁而來的人數甚至多達百人。雖然仍有些人批評機器人動作太慢，但觀眾仍然對設計團隊抱有重望，競相拿出手機拍照，現場如同搖滾演唱會般。

在最後一場表演中，機器人單膝跪地，駕駛員兼資深電子工程師邁爾斯·佩克拉（Miles Pekala）要與擔任巴爾的摩駭客空間（Baltimore Hackerspace）主任的女友潔恩·赫琛羅德（Jen Herchenroeder）求婚。Mk.III手臂上掛著60磅重的超大求婚戒指。他們預計若求婚成功，女方一拉繩子，戒指就會穿過遭重擊Prius的擋風玻璃。然而當Mk.III正在就定位時，液壓密封裝置又故障了，噴出大量的液體，設計團隊只好趕緊在造成傷害前關掉電源。

## 展望未來

又過了幾天，MegaBots工廠由於卸下了表演的重擔，氣氛輕鬆了許多。「起初的壓力真的很大，」歐海倫趁著週末為機器人進行翻新時說，「但最後效果很棒，因為Maker Faire的觀眾真心想要了解製作原理、組裝方法和專題流程。他們實際認識了我們的製作過程，例如修理機器人或初次喚醒機器人。另一方面，雖然週五和週六機器人的表現不如預期，卻可以讓觀眾一窺幕後準備工作，結果也算正面。週日一點鐘時，我們出了一些問題，但仍有辦法發揮實力，完成精彩表演。」

但更大的目標就近在眼前，MegaBots並沒有忘記預定要在2017年夏天舉辦與Kuratas對決的事情。當週末，機器人就已經重新拆解，準備切換成最終戰鬥模式。

「我們要卸下駕駛艙，更新履帶冷卻系統，還要重新接線讓它更加堅固，」歐海倫說，「下週末我們就會重新組裝起來，接下來幾週會調整控制器，提升它的性能，同時提高速度。」

「如果我們有更多時間，」他回想起Maker Faire的表演時有感而發，「我們會試著提高機器人的速度。機器人門閥的操作嚴重受到限制，可以推進的液體有限，這大概是表現不如期待的原因。而觀眾受到科幻小說的影響，對於機器人的速度抱有高度期待。」

機器人更新後，速度會更快，MegaBots也更能發揮潛能。歐海倫認為它的未來一片光明，「我向你保證，Mk.III會移動得更快，Maker Faire只是它的第一步，等著看Mk.III的

能耐吧！」

\*中文編輯部註：美日機器人大站已於2017年9月30日結束，並於10月17日晚間釋出對戰影片。最後由美日雙方各勝出一場。

# *Building Burning Man* 打造火人祭

## 集體藝術
## 不只創作專題，
## 更塑造了社群

文：潔絲‧霍布斯
譯：謝明珊

**1990年代末期，我初次參加火人祭（Burning Man）**，早年火人祭的專題都是現場製作，所以我能夠參與他們的製作過程和火人藝術。我以前研究過集體創作（collaborative art），但真正探索這個文化和火人祭，徹底改變了我的藝術手法。這種共同創作的過程超乎我個人的視野，需要眾人一起完成，讓我深深著迷。

## 快速成長的網絡

　　火人祭的規模和複雜度不斷擴大，其藝術作品推陳出新，有不少專門團體和空間應運而生。加州的 The Shipyard（柏克萊）、The Box Shop（舊金山）、NIMBY（奧克蘭）、American Steel Studio（奧克蘭）、m0xy

（奧克蘭）、Obtainium Works（瓦列霍），內華達州雷諾也有 The Generator，這些組織通常利用廢棄的工業用建築來打造巨型藝術。Flaming Lotus Girls、Therm、Neverwas Hall、Five Ton Crane、Cyclicide 和 Ardent Heavy Industries 也隨之出現。

## 愛死了整個過程

　　在我參與 Flaming Lotus Girls 時，更加深入瞭解並欣賞集體創作。這是女性發起的團體，創立於2000年，男性和女性皆可加入。我和合作夥伴深信兼容並蓄、合作與社群塑造，因此在2010年成立非營利組織 Flux Foundation，為火人祭打造一個

殿堂，秉持著「藝術創造社群」的概念，從 American Steel 為起點設計專題和建立社群。

　　火人祭的藝術創作，最後演變成廣納百川的團體行動，共襄盛舉的藝術家和藝術團隊皆把這個精神當成核心價值。火人祭的大多數專題，或者目前的「beyond the playa」專題，皆屬於大型團體創作，通常會邀請民眾參與。最棒的參與方式就是到火人祭網站查看最新的補助專題，看看有沒有專題離你很近，或是在你想造訪的地方。你也可以聯絡別的單位，或是去 American Studio、NIMBY 或 The Generator 看看。🌀

**潔絲·霍布斯
Jess Hobbs**

點子王、Maker 和社會雕塑（social sculpture）工作者。團隊合作是她成功的祕訣，她創立並管理 Flux Foundation、All Power Labs 和 Flaming Lotus Girls，也協助舉辦 Maker Faire。

## 提示

🔥 有些專題的志工已額滿，沒有多餘的空間，請多加注意。

🔥 要有耐心，有些專題可能需要你所缺乏的專業能力，不妨想想看他們還會需要什麼協助。

🔥 別忘了有時候掃地或磨零件，才是最需要做的事情。

250 位以上志工參與了 Temple of Flux 的創作。無論是設計者還是餵飽大家的廚師，都是讓這次專題成功的要角。

Joe Dacanay, Brendan Jones, Marc Hertlein

## 有哪些團體？

**舊金山**
● boxshopsf.org

**奧克蘭**
● nimbyspace.org
● facebook.com/
AmericanSteel
Studio
● m0xy.com

**瓦列霍**
● obtainium
works.net

**雷諾**
● therenogener
ator.com

**其他地方：**
● 到火人祭網站搜尋
你附近的專題！

# 全球派對
# A Global Party Game

**1.** 位於立陶宛首都維爾紐斯（Vilnius）的 M-LAB 公司設計了這個音樂長凳（Sound Branch）以展示該公司新一代的設計理念。

**2.** 創造者之樹（Tree of Making）是整個派對遊戲的濫觴，由加州聖利安卓（San Leandro）的 The Gate 510 公司設計製造。

**3.** 這個來自加州聖地牙哥 MakerPlace 的作品，其樹枝上連接了許多發光零件。

## MakeItGo
## 成功連結各地
## Makerspace完成
## 創意專題

文：威爾·切斯
譯：葉家豪

**威爾·切斯**
**Will Chase**
來自美國加州灣區的作家、市場銷售總監及藝術策展人，致力於幫助藝術家和創作者實現夢想。

「**MakeItGo**」是一款能將連結不同 **Maker** 社群的合作遊戲。背後的概念很簡單：邀請不同領域的 Makerspace 來共同完成一個創新專題。每個 Makerspace 會在前人的作品上繼續疊加自己的創意和設計。你也可以將 MakeItGo 想成是 Maker 的「隨機接龍」（Exquisite Corpse）遊戲。

第一個 MakeItGo 專題於 2016 年 6 月誕生，這個專題的目標是要打造一個會活動的雕像。當時有 11 個來自包含美國加州、奧勒岡、田納西、紐約、西班牙、比利時和立陶宛等世界各地的 Makerspace 共襄盛舉，耗時了 8 個星期完成。每一個團隊只能用 24 小時的時間，以 CAD 軟體來修正和設計雕像的最終樣貌，而最後由其中一個團隊將雕像

完工，於美國紐約的 World Maker Faire 上發表。

這個專題的創作出發點並不是要做出具有特定功能的活動雕像，而是留有許多想像空間給所有參與團隊，讓他們可以執行任何天馬行空的點子，而不需要考慮實用性的問題。此外，這也讓製作專題的過程更加有趣。

不過，如同 MakeItGo 創辦人奈森·帕克（Nathan Parker）所說，「整個專題並不只是單純的藝術作品。透過這些專題建立的友好合作關係，創造了一個活躍的社群網路；而透過這個社群，每個參與者的資源和專業都能互相分享和支援。MakeItGo 不但為 Makerspace 帶來了更多價值，也能以更新、更有效率的方法來面對世界上的各種挑戰。」

MakeItGo 的活動策劃人非

常仔細地設計整個遊戲，以確保每個參加遊戲的團隊都有「剛剛好」的時間來做出有用的貢獻，同時也能避免因時間限制而勉強想出古怪的點子。除此之外，設定創作方向及限制也非常重要（例如「可活動的雕像」），以免創作團隊因毫無創作依據而進退失據。不僅如此，事先提供一些設計靈感，也能讓參與者做出能讓其他團隊繼續創作的作品。

很好的點子吧？事實上，自己發起一個 MakeItGO 專題並不難。只要召集一些 Maker、拋出一個構想、一個時間表以及讓大家可以互相溝通和擁有成品所有權的方法。儘你所能地將專題規劃地愈大愈好。最重要的是，請享受製作這個專題的過程——好好玩吧！

# Skylab
# 天空研究室

## 望遠鏡製作工作坊
## 和大家一同分享觀察
## 宇宙的喜悅

文：理查·歐哲
譯：葉家豪

**理查·歐哲**
**Richard Ozer**
與戴夫·巴洛索
（Dave Barosso）
共同創立了沙博
（Chabot）望遠鏡
工作坊。他同時也是
工作坊贊助者東灣天
文學會（Eastbay
Astronomical
Society）的主席。

### 關於望遠鏡
### 工作坊

你可以上網搜尋最近的望遠鏡工作坊──知名工作坊包括美國佛州史特拉芬的史普林菲爾德望遠鏡製作坊（Springfield Telescope Maker，stellafane.org）、由蓋伊·布蘭登堡（Guy Brandenburg）主持，位於美國華盛頓特區的國家首都天文學家（national capital astronomers，home.earthlink.net/~gfbranden/GFB_Home_Page.html）以及戴夫·弗瑞（Dave Frey）與舊金山業餘天文學家（San Francisco Amateur Astronomers）合作的工作坊（sfaa-astronomy.org）。

在工作坊中，我們最先做的事，就是要澄清一些謠言。「所以你們是在磨製鏡片吧！」不，我們不是在磨製鏡子。「你們是如何在鏡子背面塗上這些塗層的？」這一層鋁塗層其實是在正面。事實上，這也不是一面鏡子，而是鏡子架！「你們在製作的那面鏡子，是要用來增強什麼能量嗎？」不，這面鏡子不會用來增強任何東西，具有增強功能的是目鏡（eyepiece），鏡子的功能則是用來聚集足夠的光源，讓我們能更看清楚目標。「工作坊可以讓我省些錢嗎？」這個嘛，可能不會，但是業餘天文學家基本上不會去講省錢或省時間。

### 自己的設備自己做

每週五聚集在美國加州奧克蘭的沙博太空與科學中心（Chabot Space and Science Center）的望遠鏡工作坊是一個非正式集會，但你可以在此學到如何打磨及拋光以做出高品質牛頓式望遠鏡反射鏡，並且在理想的情況下，成為你專屬的光學、木工及設計作品。截至目前，我們透過舉辦超過70年的工作坊，已經做出了數千支望遠鏡。一個普通的專題需要花上一年的時間；而我們看過最大尺寸的望遠鏡口徑達22英寸。儘管每個人都是依照同樣的光學和機械原理來製作望遠鏡，最後完成的作品仍是獨一無二的。你的作品精準度會以百萬分之一英寸做為衡量標準！

要打造一副望遠鏡，需要結合物理、數學、天文學和工藝的知識和技藝。你並不需要成為一名火箭專家，不過當你透過自製望遠鏡望向銀河、星團、裸眼看不見的星雲、以及太空中距離地球數千甚至數百萬光年以外的區域時，你可以盡情地想像自己就是那個駕駛火箭的太空人。

### 對準星星

沙博望遠鏡工作坊由東灣天文學會贊助，開放給民眾免費參加。參與工作坊的學員必須自費購買及蒐集一些材料，不過東灣天文學會會提供打磨和拋光的套件，以及相關的教學和測量方法。你可以在 chabotspace.org/telescopemakers-workshop.htm 網站了解如何參加工作坊，也可以至 eastbayastro.org 網站得到更多關於東灣天文學會的資訊。

# 種出草根性
# Growing Grass Roots

文：蘇菲亞・史密斯　譯：葉家豪

草根自耕菜園
種植的不只是
農作物——
它也是文化活動、
個人行動以及
社區自治的中心

**蘇菲亞・史密斯　Sophia Smith**
喜歡吃各式各樣的蔬菜。她也喜歡向社區組織者學習。尤其是與栽種植物相關的組織者。蘇菲亞現在是《MAKE》雜誌的線上主筆，目前居住在美國奧克蘭，推特帳號是 @sophiuhcamille。

**草根自耕菜園（Bottom's Up Garden）培養的不只是農作物**——同時也是文化活動、自我行動以及社區自治的區域中心。

雞群發出咕咕聲、鴨群發出呱呱聲、還有一群小朋友在對街的校園內奔跑踢球。這樣的景象幾乎讓人忘記 Bottom's Up 社區菜園其實座落於都會區中心、位於美國加州西奧克蘭下城區的某個街道轉角。

在同時擁有富裕和相對貧困生活環境的舊金山灣區，下城區即屬於後者。自耕菜園的共同創辦人之一傑森・拜恩斯（Jason Byrnes）表示，就食物供給來說，下城區簡直是沙漠。曾經在此販售農產品的 99 分商店，現在也已經遷離下城區了。自耕菜園的召集人之一賽內卡・史考特（Seneca Scott）解釋，這是因為在西奧克蘭，「竊盜案發生的頻率愈來愈高。你會看到汽車玻璃被砸破，也會看到家戶的玻璃窗貼有膠帶來修補破洞。」

自耕菜園提供的不只是食物供給和社區營造，它同時也是一間避難所。「我會告訴自己，我們已經為這個社區帶來不少改變了。」史考特說，「人們不斷告訴我們，他們在這裡感覺更加安全。」

## 栽種的目的

拜恩斯在三年前創立了 Bottom's Up 自耕菜園。一開始，他只有幾塊荒廢的作物區，如今作物種植面積已達約 3,500 平方英尺。除此之外，他也管理著其他幾塊有著山羊、雞群和鴨群的社區農場（這些動物會吃掉所有人類不吃的東西）以及一個蜂巢。每一週，自耕菜園都會固定將農作物賣給「廚師和她的農夫」（The Cook and Her Farmer）、「史旺市集」（Swan's Market）、「Desco」和「Flora」等當地餐廳——全部都位於奧克蘭。

拜恩斯表示，自耕菜園是他必須要做的事情。「我其實並沒有什麼選擇。我如果不種些什麼，我就渾身不對勁。」他是做園藝長大的，但常常覺得缺少社區菜園的「社區」感。當他還住在聖塔羅莎時，他會將一些種植於自家菜園的農作物分送給左右鄰居。「過了一兩年，所有鄰居的家裡都出現了一塊菜園，而且我們也更加認識彼此了。這時候我就了解，菜園能做到的事情遠遠超出種植農作物。」他說，「當你身處於居民往來密切的社區時，每塊農場都會成為社區農場。」

奧客赫拉音樂節
（Oakhella Festival）
2017年4月30日

WORK
FREE
chicken +
DVCK
WORKSHOP
SAT JAN 9th
3 PM

「我曾告訴自己，我們已經為這個社區帶來不少改變了。」史考特說，「人們不斷告訴我們，他們在這裡感覺更加安全。」

史考特則曾經是SEIU 1021公會的東灣分部主任。他並沒有農業背景。他只是喜歡烹飪，並也想成為自耕菜園計劃的一份子。「我們的理念之一，就是自己耕作，並發展自己的家園。」史考特說，「整個過程需要不斷地投入時間和精力，也需要挺過各種困境。成功並不是一蹴可幾的，但終究會到來。」

### 種植文化

史考特和拜恩斯有一些關於自耕菜園的規則。他們並沒有組織架構，因為他們並不是上司對下屬的關係。不過，他們對於菜園的營運有著各自負責的領域——他們是管理者的角色，管理著6名常駐志工與317名臉書專頁成員，以及直接或間接受惠於他們的整個社區。

「如果你開始栽種了一些作物，我們會保護你的投資，並確保你有所回報，不過，這些作物並不屬於你，而是屬於大家的。也沒有人可以聲稱擁有超出社區的『所有權』。」史考特解釋。

所有參與者在組織裡的活動，都是為了有更好的生活環境。有時候，他們兩人或其他志願者想分享一些知識時，他們會舉辦工作坊邀請當地居民參加。分享的內容也不僅限於園藝方面，而是所有的知識都可以。拜恩斯和史考特依循著「沒有限制」（sky's the limit）的模式，任何人都可以參與，也可以分享任何主題：瑜伽、讀詩、或其他你想得到的東西。

一個簡單的例子是，他們兩人在自耕菜園旁邊開了一間咖啡店，每天早上7點準時開始營業。史考特將這裡視為整個社區互動的起點。「一開始進來的人們成為了我們的顧客，我們再舉辦派對，接著咖啡店就成為社區活動中心了。」他說。

這間咖啡店變得愈來愈有名，即使現在已經不存在（因為未取得經營許可），你依然可以在地圖上搜尋到「Bottom's Up Café」。在咖啡店關門後，奧客赫拉（Oakhella）音樂節隨即誕生了。這個自主籌辦的嘻哈音樂節就辦在自耕菜園的作物區之間。從2016年至今，已經舉辦五次了。

「我覺得這個社區最棒的地方，在於它讓每個人都有發揮天賦的機會，」拜恩斯說。「如果不是這裡，我們不可能在某個廢棄小屋開一間咖啡店。奧克赫拉音樂節也不可能成功。」如果沒有那些參與Bottom's Up人們的活力和願景，這些都不可能會發生。史考特提到，每個人都能為他人提供幫助、每個人都能創造價值這件事非常特別。「不過，我們還是要讓每個人對自己負責，」史考特說，「這不是因為我們膽小怕事。我們不會不尊重人，但並不是任何事我們都會同意的。」

而有不同意見也是好事——甚至可以提高生產力。拜恩斯和史考特兩人都非常有主見，而且他們心中的目標遠超過自耕菜園。史考特說，自耕菜園的行事作風老派，但理念卻相當前衛。他提到卡通「傑森一家」（The Jetsons）和「摩登原始人」（The Flintstones）：使用有價值的科技，然後朝向永續發展邁進。他解釋，科技已經改變人們工作的方式，也改變了人們看待工作的方式。「科技終究

葛瑞絲·斯潘格勒、傑森·拜恩斯和賽內卡·史考特

會不斷更新。其並沒有靈魂或同理心，人類因此必須負起責任。如果這條道路通往的是一個人們不用工作、不再工作的未來……你會做什麼？你應該會花更多時間在你的社區、你的藝術作品或表達自我上。我們整天都會做這些事情。」他說，「我們的目標並不是單純營利，而是要為人們展示在地農業系統會如何運作」。沒錯，農業系統。這對史考特來說一定比種植作物更有意義，因為他們正在做一件更有意義的事情。

## 組織有機農耕

在一個陽光普照、安靜和諧的週三下午，坐在這塊小小的菜園上，很難想像於4月30日舉辦的奧客赫拉音樂節曾有500人擠在這裡搖搖欲墜的舞臺邊（在Instagram搜尋標記奧克赫拉的照片可看到證明）。這塊農耕地並未遭到任何破壞，這也表示了群眾對社區自治的肯定。

> 「舉辦派對，
> 和鄰居建立關係，
> 慶祝生活，認真地
> 過每一天，然後
> 種一些蔬菜。」

「身為活動主辦人，我們希望透過舉辦音樂節，賦予社區菜園更多的意義，」史考特說，「而我們確實讓人們見識社區菜園更多的可能性」。

史考特說，他其實也是邊做邊學——如何種植農作物、如何主持會議以及如何管理。管理最簡單的方式就是實際參與，並觀察其他社區專題失敗或成功的案例。他以位於格羅夫夏夫特公園（Grove Shafter Park）、由民間發起的無家者營地「The Village」為例，該計劃大大地造福了當地無家可歸的人們——直到今年初，市政府表示「The Village」違法並強制關閉。市政府將無家者安置在公家的無

家者營地，但這個營地隨即於5月1日被燒毀了。這訴說了一個赤裸的現實：有時候，在地社區需要的並不是公家機關的行政程序，而是居民自發性的行動。

想當然爾，奧克蘭政府機構和社區組織之間的衝突也有一段時間了。黑豹黨（The Black Panthers）和其免費早餐計劃對西奧克蘭的都市農業發展造成很大的影響。「只要政府控制了社區，就控制了人民，」史考特說，「任何能取回社區主導權的行動都是值得的。在黑豹黨成立之時，這個社區的處境就和現在一模一樣」。

到底，史考特和拜恩斯的未來計劃是什麼呢？「讓社區活動更有組織性，也讓更多人一起參與，但我們真正想讓人們做的，」史考特說，「是讓每個人都擁有自己的菜園。」「這樣我們也可以參加屬於你的奧克拉赫拉音樂節。」拜恩斯接著說，「我們會幫你一起完成，但

你必須挑起主導權。首先，你要問『為什麼』？你在做什麼？為什麼？接著，你要開始培養技能。傑森和我可以找到很多人幫忙，並了解每個人擅長什麼。在我剛來到這裡時，你知道我如何做出貢獻嗎？我幫忙整理、搬水和掃地。試著與人們相處，然後放下自我並找出你最擅長的事。」他提到，「我們都有不可一世的自我。我們也曾發生過嚴重的爭執，只因為我們都很在乎社區事務。」

拜恩斯和史考特特別關注社會上不公平的事情，包括社區裡破碎的汽車玻璃到全球化的貧富不均現象。這些現象都是環環相扣的。這個世界一直是個可怕的地方，而且沒有人知道未來會發生什麼事。「在那之前，」史考特說，「這就是我們能做的。舉辦派對，和鄰居建立關係，慶祝生活，認真地過每一天，然後種一些蔬菜。」

畢竟，每個人都要吃東西的。●

# 巨創金剛 Building

**趙玧宇**
**Henry Chao**

師大科技所研究生，主
攻科技教育，目前任教
於永春高中。喜愛參與
Maker 社群活動，希望
將自造社群的美好以及
活力帶給大家。

ADporter.

# King Kong

A

B

C

## 臺灣Maker社群成員共同打造這尊高達3公尺的驚人之作

文：趙珩宇
製作成員：Fablab Taipei & Big Bang lab：
Bob（陳伯健）、Sky（曲新天）、
Ellice（王品驊）、Henry（趙珩宇）
協助取材：國立臺灣科學教育館

**Making 是一種不斷嘗試、了解與修正自己製作作品的一段過程**，由一群人共同完成的專題則需要進行更多協調與溝通——大型專題更是如此。「巨創金剛」便是一項由臺灣Maker社群成員共同完成的大型作品，由FabLab Taipei成員陳伯健（Bob）、曲新天（Sky）、王品驊（Ellice）與趙珩宇（Henry）受國立臺灣科學教育館之託完成。

作品高度高達3公尺，在製作上使用了3D列印技術、熱塑成型、雷射切割、金屬加工、Arduino程式電路控制等技術，可說是集自造技巧之大成。巨創金剛可由人穿戴後透過連桿機構進行四肢移動，透過矩陣LED進行眼部表情變換；頭部則設有紅外線體溫感測器，當有人接近時會發出野獸的怒吼，是一件極富趣味的互動性作品。

花了近半年時間完成的巨創金剛，多數時間都在FabLab Taipei的地下室進行製作。整個專題主要由Bob所規劃，並將整個作品分為：外觀設計、支架結構、電子電路以及穿戴部件四個部分，做為人員分工的主要基礎。團隊成員分別完成自己的部分後，再進行組裝。

骨架的材質選擇以臺北市後火車站方便取得的材料為主，主要在太原路與興城街進行採買。由於本作品最後會由人實際穿上，因此骨架使用了質地輕盈、堅固的鋁材，在加工上亦可以使用一般的充電式手持電鑽或手持砂輪機等進行鑽洞與裁切，十分適合用於沒有大型加工機具的加工環境。

外觀部分則由有多年動畫製作經驗的Bob製作。臉部使用Blender繪製出3D模型後，將檔案切割成小部分零件，以3D列印成實體物件後進行黏合。一開始原本打算以3D列印的方式，但在試作原型後發現3D列印的物件過於笨重，因此改將原先印製好的面具當成模板，使用熱塑板將面具翻模後做出質地較輕卻又強度足夠的面具（圖A）。

身體其他部位的外觀與著色則由Bob與具有藝術設計專長的Ellice共同合作進行。軀幹外層使用方便裁切與塑型的EVA泡棉製作，內部則加上工作服，使金剛的軀幹顏色能更有一致性。當外觀組件都完成後，則開始進行上色的動作（圖B）。

同一時間，Sky則開始製作金剛的互動機構與電路，使用了矩陣LED製作眼睛、透過伺服馬達控制金剛下顎的開闔；胸前的紅外線感測器則做為以上反應的觸發感測器，當人們接近的時候下顎即會張開，讓金剛發出野獸的低吼聲。整體電路使用3張Arduino板進行控制，並透過數顆行動電源供應所需之電源。

當各部分的零件皆完成到一定進度後，便在FabLab Taipei的地下室進行組裝與測試。經過多次修改與調整，才終於完成了這尊巨大的「巨創金剛」，並在2016年教育部與國立臺灣科學教育館所主辦的「自造×教育週」中亮相，與民眾進行互動（圖C）。在2016年至2017年中更於全臺進行巡迴展出，讓更多人了解自造的魅力。

Maker是一群喜歡製造、創作並將自己想法實現的一群人，由於每個人都有自己的興趣與專長，因此如果能將一群有著不同專長的Maker聚集在一起、共同完成一項目標，就可以完成令人讚嘆的作品。希望在Maker運動的持續發展下，還能出現更多的團體協作專題，讓更多人願意投入Maker的行列，帶給世界更多有趣的作品。

# 聚眾打造 Build It.

## Makerspace 是 Maker 社群的核心之地——要打造大型專題，去那兒準沒錯！

文：麥特・史特爾茲
譯：花神

**2009年，一個瘋狂的念頭閃過。**我那時住在美國賓州匹茲堡，而當地正缺少 Hackerspace，於是我和其他幾位志同道合的 Maker 合作，開啟了這一場冒險。我很喜歡做為 Hackerspace／Makerspace 的一員，我們可以分享空間中的工具，但更關鍵的還是這個空間中的人們。我們的背景各不相同，興趣和擅長的技術也不同。當你將這樣的一群人聚在一起，便可以發揮更多創意，挑戰更大型、更高難度的專題，這是你自己一個人做不到的。

以下我將介紹幾個像這樣的空間正在進行或已經完成的超棒專題，也許可以幫助你得到一些靈感，然後你就可以踏出家門，到附近的 Makerspace 看看有什麼需要幫忙！

### 麥特・史特爾茲
### Matt Stultz

《MAKE》雜誌 3D 列印與數位製造負責人。他也是位於美國羅德島州的 3DPPVD 及海洋之州 Maker 磨坊（Ocean State Maker Mill）創辦人與統籌，經常在那裡動手做東西。

POLICE PUBLIC CALL BOX

POLICE TELEPHONE
FREE
FOR USE OF
PUBLIC

ADVICE & ASSISTANCE
OBTAINABLE IMMEDIATELY
OFFICER & CARS
RESPOND TO ALL CALLS

PULL TO OPEN

Joachim Hafl

## ❶ 漫遊的 Tardis

HackPittsburgh，匹茲堡，
美國賓州

*hackpittsburgh.org*

當匹茲堡酒廠 Wiggle Whisky 舉辦一個比賽，希望能找到有創意的方法為他們在城市街道上運送酒桶，我在 HackPittsburgh 駭客空間的朋友打造了一個驚天動地的專題——一個裝上引擎的《超時空奇俠》（Dr. Who）時光機器 Tardis。

首先，他們以木材製作出經典的藍色警用電話亭造型，團隊成員鮑伯・伯格（Bob Burger）還設計了一個電路，讓電話亭上頭的小燈能和影集裡一樣發光。他們也使用駭客空間裡的雷射切割機和電腦割字機來製作其他裝飾品，讓電話亭長得與 Tardis 更加相似。

HackPGH 負責人查德・艾利許（Chad Elish）和成員約阿希姆・荷爾（Joachim Hall）使用退役的電動輪椅底座來驅動這臺時光機器。現在，每逢匹茲堡有遊行或其他活動，就可以看到這個藍色的英式電話亭四處奔走，取悅城市居民！

## ❷ Fat Cat Hot Shot

Fat Cat Fab Lab，紐約，美國紐約州

*fatcatfablab.org*

就在去年秋季 World Maker Faire 的前兩天，我發現紐約的 Fat Cat Fab Lab 空間好像有些動靜。那時他們正要完成一臺巨型的乒乓發射機《太空入侵者》（Space Invaders）。我一看到這個專題就深深被它吸引，它滿足所有我熱愛的 Maker Faire 專題條件：又大、又酷、具互動性，而且超好玩！

這個專題的發想人是 Fat Cat 的成員查克・弗里德曼（Zack Freedman），總共有七名成員投入其中，耗時四個月才完成。在這個專題中，幾乎所有的 Maker 工具都派上用場：雷射切割機、CNC 工具機、多種微控制器和 LED，他們甚至投資了一臺 shop-vac 吸塵器做為動力來源！

Hot Shot 發射機在 Maker Faire 得到很棒的迴響，不管小孩或大人，都耐心地在機器旁排隊，用壓縮空氣驅動的乒乓球來射擊用雷射切割製作的外星人！

## ❸ SXSL 招牌

Digital Harbor Foundation，巴爾的摩，美國馬里蘭州

*digitalharbor.org*

去年秋天，美國總統歐巴馬行政團隊的任期到了尾聲，白宮舉辦了南方草坪藝術節（South by South Lawn，SXSL，名稱來自舉辦於德州的西南偏南藝術節 South by Southwest，SXSW，其中有一位受邀者是 Maker Faire 熟面孔、知名電視節目《流言終結者》主持人亞當・薩維奇（Adam Savage），這位靜不下來的 Maker 與充滿年輕活力的 Digital Harbor Foundation（DHF）合作，打造了這個互動式 SXSL 字母招牌。

這四個字母是由珍・史科切（Jen Schachter）設計，高約 7 英尺，表面材質為霧面壓克力，燈箱中則裝有 RGB LED。其程式是由尚恩・葛林姆斯（Shawn Grimes）編寫，可以在參觀者自拍並在推特發文後改變字母顏色。DHF 讓其年紀最輕的成員也有與亞當合作的機會，接獲為字母外殼上色的任務。現在，如果上網搜尋 SXSL 四個字母，出現的都是這個看板呢！

## ❹ Moat Boat Paddle Battle 船賽

海洋之州 Maker 磨坊，坡塔克特，美國羅德島州

*oceanstatemakermill.org*

幾年前，我正和太太在討論要在 Maker Faire 展出什麼樣的 3D 列印專題，以展現 3D 列印的可能性時，她提到了她在七年級時參加過的一場腳踏船比賽。由這個點子出發，我們和海洋之州 Maker 磨坊（Ocean State Maker Mill，位於羅德島州的坡塔克特）的其他成員討論後，Moat Boat Paddle Battle 船賽於焉誕生！

Moat Boat Paddle Battle 船賽於 12 英尺的直線賽道上進行，有兩個主要的規則：你的船必須是 3D 列印而成，而且只能用彈力驅動。這場激烈的賽船活動由 SeeMeCNC 贊助，提供了 3D 印表機讓參賽者使用。我們的第一場比賽將參賽者依照年齡分組，避免大人欺負小孩的狀況。然而，當小孩火力全開時，反而是大人需要被保護呢！在去年冬天於紐約舉辦的 World Maker Faire，冠軍路克（Luke）只有 12 歲！其實路克算是沙場老將，已於前年取得了大賽亞軍，之後親自改良了船隻，決心要在隔年取得勝利。

現在，我們的競賽已橫跨大陸，於美國西岸舊金山的 Maker Faire Bay Area 和紐約的 World Maker Faire 都有舉辦。九月的 World Maker Faire 我們也不會缺席，準備好你的 CAD 軟體和印表機了嗎？比賽正式開始。✪

Andrew Coy, Christopher Drew, Spencer Zawasky

# 起飛吧！
# Taking Off

## 駕駛員社群的增加讓遙控飛機更容易親近了

文：奧斯丁·富瑞
譯：屠建明

**奧斯丁·富瑞**
**Austin Furey**
奧斯丁·富瑞在專攻飛行娛樂、教育和推廣的社群網站FliteTest.com擔任行銷經理。他的Twitter帳號是@austinfurey。

**駕駛遙控飛機表面上看起來很困難**、複雜又充滿訣竅。你自己或是朋友就可能有過花費好幾個月打造輕木飛機，結果在處女航摔得粉碎的經驗。如果沒有人帶領，你可能會覺得這個領域是條漫漫長路。但隨著網際網路的發展、電子元件的創新突破與整體產業的成長，這樣的情形已經有所改變。

## 參與

遙控飛機可以一個人玩，但和其他人一同參與會更加有趣。全美有數千個模型飛機社團和場地，你附近可能就有一個。在美國，你可以用航空模型學院（Academy of Model Aeronautics）的網站modelaircraft.org來尋找飛行場地。對第一人稱視角（FPV）飛行有興趣的人，在競速方面可以透過Multi GP尋找當地的同伴（multigp.com）；社交飛行方面則可以透過 Drone Squad來尋找（dronesquad.com）。

參與類似Flite Test（flitetest.com）的社群也可以發現很酷的專題、有趣的內容、技術問題的解答以及飛行夥伴。Flite Test已經創立近七年，而我們平均每年成長100,000名成員的一大原因，在於我們的社群讓飛行容易親近，既可負擔又可確保達成。即使沒有基礎技術能力或口袋裡沒有數百美元，仍然可以翱翔天際。

## 飛行派對

除了參與當地社團外，你還可以參考我們舉辦的許多「Flite Fest」活動，也就是「飛行慶典」。這些活動很適合你接觸和學習遙控飛行。在Flite Fest可以看到各式各樣的泡棉飛機、聞到從工作帳篷內傳來的焊接味、聽到3D印表機正在列印部件，以及認識一群熱心幫助你起飛的夥伴。透過便宜的DIY材料、平價的開箱即飛機型、FPV飛機和日益可靠的電子元件，模型飛機產業正在捲土重來！如果你有興趣對抗地心引力，現在就是你起飛的好時機。⚡

Mike Senese

Hep Svadja

# 火腿一族
# Hamming It Up

## 加入業餘無線電愛好者的全球社群吧！

文：曼蒂・斯特爾茨
譯：葉家豪

**曼蒂・斯特爾茨**
**Mandy Stultz**

海洋之州 Maker 磨坊（Ocean State Maker Mill）的創辦人之一。她很喜歡纖維藝術，但也正在摸索以數位纖維工具協助纖維藝術的創作。

我在 **2010 年開始接觸業餘無線電（又稱作火腿電臺，Ham Radio）**，當時只是為了證明「女生也可以當一個業餘無線電操作員」，結果發現，我正好加入了一個超有趣的社群。火腿電臺最早可以追溯至十九世紀末，是當時一種通訊的方式。於是我們就開始通訊了！到今天為止，全美總共頒發了超過 743,000 個有效的無線電執照。

剛開始，我在 HackPittsburgh 加入一個讀書會，這個讀書會的目的是要通過無線電技術執照測驗。當我取得了我的技術執照（美國的初階無線電執照稱為技術員（Technician Class））和呼叫代號（KB3UGX）時，我就能透過無線電與其他人連絡了，也讓讀書會的活動更有趣了。

從 1933 年就開始舉辦的大集會「Field Day」是無線電社群互相分享知識最好的例子，每個參與者會架設暫時工作站，以展示業餘無線電玩家各自的設備、無線電技術以及適用於緊急情況下的設置。你可以在 arrl.org/field-day 這個網站找到更多關於 Field Day 的資訊。Field Day 都會在每年六月的第四個周末舉辦。

全世界規模最大的業餘無線電玩家聚會 Hamvention（hamvention.org）則於每年五月舉辦。在這裡，你可以找到任何你想要的資訊，包含技術執照測驗、研討會、無線電及元件商、以及你所看過最大的跳蚤市場等。

至於想要找到屬於女生集會的女孩們，則可以參考「年輕女孩無線電聯盟」（Young Ladies' Radio League（ylrl.org）），它的成員包含來自世界各地、持有業餘無線電執照、並來自各個年齡層的女性。

而我有幸參加過最有趣的無線電團體專題就是和 HackPittsburgh 一起完成的 LEAD 氣球專題——你可以在 hackpittsburgh.org/ourday-in-space 了解我們的其中一項冒險。在這個專題中，我們架設了雙重無線電基地臺，可以同時追蹤氣球的飛行路徑，並讓地面上的追蹤車輛之間互相聯繫溝通。

加入業餘無線電玩家社群吧！考到技術執照其實非常容易。你可以在美國無線電串連聯盟（American Radio Relay League）網站 arrl.org 找到許多參考資訊。🔗

# 本車開往…… All Aboard

## 一個複雜、已有百年歷史的模型鐵路世界！

文：尼爾·貝索格洛夫
譯：葉家豪

**鐵道模型最早可追溯至20世紀初期**，歐洲的工匠甚至在更早之前就開始打造金屬製手工玩具火車了。時至今日，北美已有超過250,000人稱自己是模型鐵路人（model railroaders），在歐洲、澳洲以及世界其他地方的人數甚至更多。乍聽之下，製作模型鐵路好像是個只能在潮濕陰暗地下室進行的孤僻興趣，實際上卻完全相反；許多模型師會聚在一起分享技術知識、合作打造模型鐵路、並一同欣賞完成的鐵路模型。

鐵路模型有著各種不同的形狀、規模、和尺寸大小，有些完整重現了歷史上某一時間點的鐵軌路線和所有細節，有些則有著繁複的路線設計，製作的過程和結果都讓製作者十分開心。有些鐵路模型的整體體積大到可以擺滿整個演講廳，也有些尺寸小到剛好可以放在書架上。在模型師的聚會中，任何與全電控制火車模型有關的技術，包括木工、線路、電子與程式設計等都會互相分享，當然也包含造景和模型實做。

建造模型最初是以鋸子和鐵槌開始，而現今進階的模型師則改用設計軟體、雷射切割、Arduino開發板和3D印表機來升級模型。模型火車甚至可以在角色扮演遊戲中擔當重要角色，用來模擬實際的鐵路貨運和載運乘客。

有一些模型師團體是十分正式的組織，負責建造和營運大型、永久的鐵路模型；也有一些定期聚會的團體，成員間會互相協助建造鐵道作品。另外還有一些鐵道模型愛好者會做出一些獨立的鐵道模型，並設計成可以互相連結的系統。上面提到的這些模型你可能已經在某些公共場合或展示會上看過了。現在，最新型態的鐵路模型則是由「Free-Mo」群體製作，他們捨棄了傳統鐵路模型的矩形模組，推出了可以自由組合、沒有任何規則與限制且也能公開展示用的鐵道模型模組。

如果想了解更多有關鐵路模型的資訊，你可以參考「Worlds' Greatest Hobby」網站（greatesthobby.com）、《鐵道迷》雜誌（modelrailroader.com）或國家鐵道模型協會（National Model Railroad Association，NMRA.org）等網站。●

**尼爾·貝索格洛夫　Neil Besougloff**
有著20年鐵路模型雜誌編輯的資歷，最近10年則是在《鐵道迷》（Model Railroader）雜誌任職。在此之前，他是佛羅里達州的報社編輯。現在，尼爾和太太蘇西（Susy）住在威斯康辛州的奧康諾摩沃。他除了製作鐵路模型外，也會在空閒時間學習西班牙文，以及改造電動遙控車和1931年產的福特 Model A 骨董車。

Hep Svadja

時間：2小時　成本：200美元

# Hands-Free Racing
## 無人車競賽

用200美元打造一輛
用機器學習
軟體自動駕駛的
**Raspberry Pi** 賽車

文：麥克‧西尼斯
譯：七尺布

**2016年五月，自走車社團在北加州Thunderhill Raceway Park舉辦了等身大小的循跡自走車競賽。** 威廉和我都有參與這場賽事，但直至數月後才正式認識彼此。雖然我們都對這樣的比賽很有興趣，卻也深感製作等比例自走車對像我們這樣的業餘玩家而言，實在力有未逮。

直至11月，克里斯・安德森（Chris Anderson）公告要舉辦一場較小型自走車的駭客松競賽（後來更名為DIYRobocars），我們便開心地一起現身會場。新版的參賽車規格包括1/10等比例縮小的遙控車種，剛好適合製作成本較低的自走車。因此，我便帶了一輛遙控車、一張Raspberry Pi、還有一些急就章的3D列印與雷射切割部件來到會場。正在組裝時，威廉就來向我自我介紹，表達想要幫忙的意願——我們就此結下了日後一起舉辦Donkey自走車競賽的緣分。

一開始我並沒有想得太遠，只想著用OpenCV利用電腦視覺辨識趨線技術完成，不過威廉更有雄心壯志。他想要仿照Google和特斯拉的做法，利用

機器學習技術製作自走車。不過，萬事起頭難。

一場賽事的最後是所有賽車一字排開衝出去的表演賽。當天大約有六輛車一整天都順利運作，但是只有三輛車撐到最後這個表演賽。其中一輛便是威廉和我合製的。雖然還需要透過連接端手動控制，不過搭配現有硬體下，動作與控制部分已然成形。另一輛戰到最後的參賽車由渥太維歐・古德（Otavio Good）和麥特・波爾（Matt Ball）製作，以其速度及自動模仿真人駕駛的能

## 為何取名叫 Donkey（驢子）？

» 驢子是人類最早馴養的馱獸之一。

» 對小孩來說也很安全。

» 牠們有時會不聽主人的使喚。

» 這個字也有一點負面或醜陋的引申義，所以人們不會抱太多期待！

威廉與亞當正在製作全世界第一輛Donkey車。

力技驚四座。這輛「電腦車」（Carputer，github.com/otaviogood/carputer）讓威廉在我們賽後繼續改良專題時，能夠著手進行機器學習的部分。我則負責硬體改良，而現在「Donkey」團隊在DIYRobocars的每月活動中持續參賽並完成各場競速。更棒的是，現在全世界已經有約十輛Donkey橫行街頭——在這篇文章發布後，或許還會有更多！

## Donkey自走車概述

Donkey自走車其實很簡單，以Raspberry Pi微電腦做為基礎，並加上一臺攝影機、一個伺服驅動擴充板（或叫「hat」）做為與遙控車互動的介面。當你沿著道路線駕駛這輛車，機器會捕捉影像及轉向角，並訓練自動導航的「神經系統」自己沿線駕駛。它在轉彎時最高速度為時速4到6英里。

蒐集完訓練用的資料之後，其實車子就不用再做什麼事了。它基本上只會拍照並傳送至Amazon主機，再接收回傳的伺服器指示。主機才是所有事情發生的地方。首先，它會

### 亞當・康威
### Adam Conway

正職是矽谷的科技人，下班後則喜歡製作機器人、3D印表機甚至是衛星。他也曾為《MAKE》撰寫有關無人機和Wi-Fi的文章，並且兩度在MakerCon發表無人機專題演講。

### 威廉・洛斯可
### William Roscoe

美國加州奧克蘭Ceres Imaging公司的營運績效評估員。製作汽車以外的時間，致力於為自行車道的安全發聲，並參與在灣區建立自動駕駛休旅車道路系統的推廣活動。

## 材料

» 1/16 等比例縮小的遙控車 Exceed Magnet 怪獸卡車，NitroRCX #51C853-SavaRed24-Ghz，nitrorcx.com，附 RC-380 馬達、電動變速器（ESC）及7.2V 1100mAh Ni-MH 可充電電池

» USB 電池，附 microUSB 連接線 如 Amazon# B00P7N0320，但也可以使用其他輸出 2A 5V 的電池

» Raspberry Pi 3 單板電腦

» 32GB 的 MicroSD 卡 款式多樣，我個人偏好 Amazon #B00P7N0320 這款，因為啟動速度較快。

» Raspberry Pi 廣角鏡頭相機 如 Amazon #B00N1YJKFS

» 跳線，母對母（4）

» 伺服驅動擴充板，PCA9685 我使用 Amazon #B014KTSMLA。

» 3D 列印防傾桿與上蓋板 可以在 a360.co/2pf3Dam 下載 CAD 檔案，或在 thingiverse.com/thing:2260575 下載 STL 列印檔案。

» 螺絲，M2×6mm（4）固定相機用

» 螺絲，M2.5×12mm（12）骨架用 3 顆、Raspberry Pi 用 4 顆、馬達控制器用 4 顆、備用 1 顆，

» 螺帽，M2.5（8）

» 墊圈，M2.5（8）

## 工具

» 3D 印表機（非必要）工作區大小最少 200mm×200mm

» 公制六角扳手 我個人推薦 Bondhus 系列，Amazon #B00012Y38W。

» 烙鐵（非必要）

» X-Acto-style 筆刀

» 小螺絲起子，有凹槽

» 電鑽與鑽頭

Carputer、Donkey 以及 Compound Eye（複眼，由王浩洋（Haoyang Wang，音譯）和傑森・德維特（Devitt）製作）在首屆於加州柏克萊卡爾・巴斯（Carl Bass）工作坊舉辦的 DIYRobocars 競賽中排排站。

Hep Svadja, Adam Conway

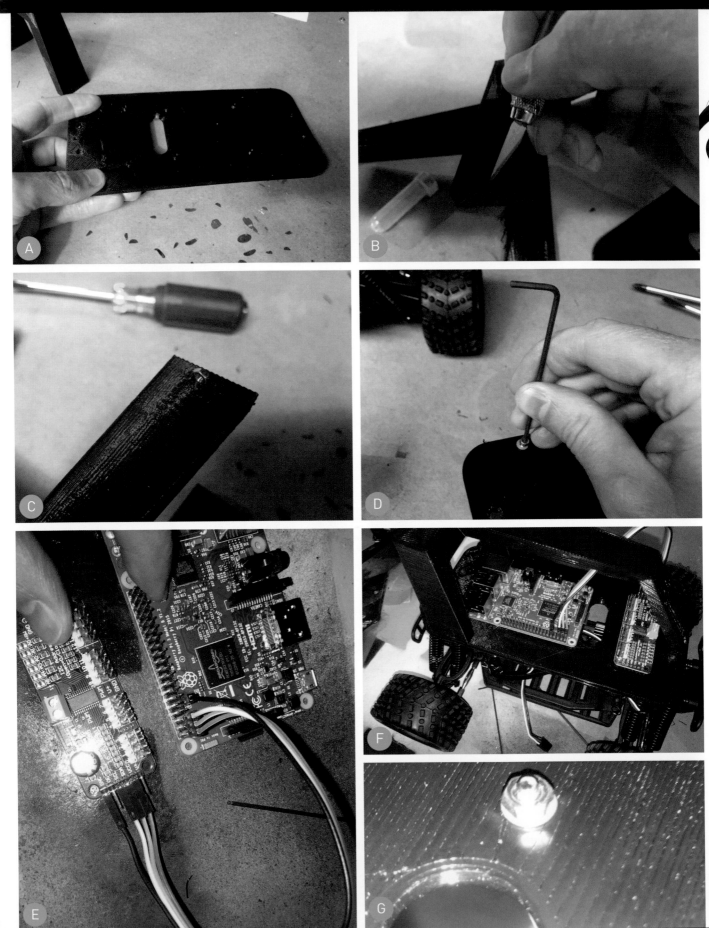

Adam Conway

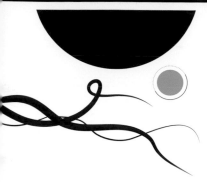

蒐集使用者駕駛時的影像與行駛資訊。預設的做法是用主機提供的行動網頁讓Donkey運作。

這個行動網頁甚至提供即時影像,可以從車子的視角觀看,還可看到虛擬的搖桿。主機會記錄使用者駕駛時的資料,接著用這些影像和搖桿的位置,訓練軟體中的Keras/TensorFlow神經系統模型。整個過程快如電光石火,一趟(車子→主機→車子)只需約 $1/10$ 秒。

訓練完成後,這個模型將上傳至車輛系統,它就會學你開車了。接下來的步驟說明會教你如何發動車子上路。

## 如何製作Donkey V2

這些步驟也可以供改裝大多數業餘等級遙控車做為參考,不過是以改裝 $1/16$ 等比例縮小的 Exceed Magnet 車為重點。如果你有問題或是想分享圖片,可以至以下網址取得邀請,進入我們的Slack頻道:donkeycar.com/community.html。

## 硬體

### 1. 列印並修整部件

請至thingiverse.com/thing:2260575下載上蓋板和防傾桿檔案並列印。我使用黑色的PLA線材,積層厚度2mm,無支撐結構。防傾桿列印方向是上下顛倒的。如果沒有3D印表機,也可以直接從

Shapeways訂購部件。

幾乎所有3D列印部件都需要修整。請將有洞的地方重新鑽洞,並清除多餘的塑膠邊緣(圖 **A**)。請特別注意防傾桿每側的溝槽都要修整,如圖 **B** 所示。

### 2. 組裝上蓋板與防傾桿

將M2.5×12mm螺絲拴入防傾桿側邊的溝槽。這其實沒有很簡單。你可能要再次修整洞的內部,然後用小螺絲起子將螺帽塞進去,與防傾桿底部的孔洞對齊(圖 **C**)。

將螺絲拴入後,就可以接上底盤(圖 **D**)。不過有可能會再次卡關。我是用一個小的螺絲起子抵住螺帽,防止它在洞裡轉動。好消息是,完成後你就不必再做一次了。

### 3. 連接伺服擴充板與 Raspberry Pi

你可以先將 Raspberry Pi 接上底盤後再進行此步驟,不過先將所有部件攤在工作檯上比較一目瞭然。請依照圖 **E** 所示組裝部件。我們使用了3.3V電池、兩個12C針腳(SDA和SCL)與接地線。

> **注意:** 雖然 Raspberry Pi 本身可以供電給伺服擴充板,可是此處絕對不能這樣安裝。轉向用的伺服器需求電量太大,會使 Raspberry Pi 收到太多雜訊。

### 4. 連接 Raspberry Pi 與底盤

開始之前,請先插入快閃SD卡,測試一下電子裝置。測試完成後,安裝 Raspberry Pi 和伺服馬達就如同將4顆螺帽穿過板子拴進上蓋板的螺帽一樣易如反掌(圖 **F**)。M2.5×12mm螺絲長度必須剛剛好穿過板子和上蓋板(或

底盤),還足夠容納墊圈。螺絲的「帽子」要朝上,螺母則應該位於上蓋板的底部(圖 **G**)。乙太網路及USB連接埠則朝前。這些相對位置很重要,這樣才能連接SD卡,並使相機的帶狀纜線對齊。

### 5. 安裝相機

安裝相機又是個難題。這四個M2螺絲可以拴進塑膠,但是有一點難度。我建議先用1.5mm鑽頭(前大英國協地區規格為 $1/16$ 英寸)鑽洞,並且先用螺絲預先穿過,再將相機裝上。請務必使用兩根螺絲(圖 **H**)。在開車之前,請先將相機鏡頭的塑膠膜拿掉。

讓相機的電線自然垂下即可,這樣就不必在插進 Raspberry Pi 時還要扭轉調整。相機的接線方式很容易弄錯,請參照圖 **H** 和 **I** 確認無誤。

### 6. 全部組裝在一起

最後的步驟非常單純直接。首先,請將防傾桿安裝至車體。可以直接用原本車體附的車殼插銷(R-clip,圖 **J**)。

接著請將伺服馬達的電線接到車體上。油門電線對應伺服控制板的頻道0,轉向電線則對應到頻道1(圖 **K**)。

現在硬體的部分完成了(圖 **L**)!

## 軟體

### 1. 啟動 Raspberry Pi

請至https://s3.amazonaws.com/donkey_resources/donkey.img.zip下載映碟映像壓縮檔(2.5GB)。在我們的問與答專區(donkeycar.com/faq)有手動下載封包的步驟說明。請將磁碟映像檔解壓縮(8GB)。

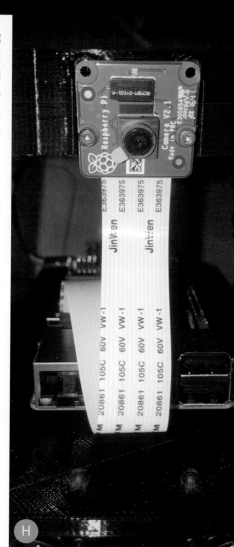

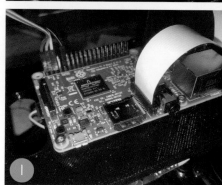

K

L

Adam Conway, William Roscoe

M

將SD卡插入電腦，用磁碟建立工具開啟新的磁碟映像檔。將SD卡從電腦移除，放入Raspberry Pi。將螢幕、鍵盤和滑鼠一併接上Raspberry Pi，然後接上電池啟動。最後再連接Wi-Fi網路。

## 2．開啟導航伺服器

Donky自走車需要網路主機來導引溝通線路，並進行自動導航運算。要使用手機來開車，必須先在電腦或遠端伺服器開啟一個Donkey遙控伺服器。

我們需要Docker程式，請至 docs.docker.com/engine/installation 下載並安裝。

接著輸入以下指令工具：

```
git clone http://github.com/wroscoe/donkey.git
cd donkey
bash start-server.sh
```

（第一次進行此步驟時，須要先花費約10分鐘建立Docker儲存空間。）

完成後就可以至 localhost:8887 瀏覽網頁介面了。

## 上路囉！

### 透過SSH遠端登入協定連接 Raspberry Pi

在駕駛時，Raspberry Pi是無法連上螢幕的，所以你必須先以SSH從遠端連接。接下來請直接啟動駕駛迴圈指令，Raspberry Pi就會開始對主機要求指示。

搜尋Raspberry Pi的IP位址。假設你的Raspberry Pi已連接到電腦連接的同一個本地網路，就會搜尋到Raspberry Pi的IP位址。搜尋的指令如下：

```
python scripts/find_car.py
```

SSH至Raspberry Pi的指令則為：

```
ssh pi@<你的 Raspberry Pi\
```

### ip 位置 >
### 啟動虛擬環境

請在同一個指令欄內繼續輸入：

```
cd donkey
source env/bin/activate
```

### 啟動賽車

將賽車系統連接至主機：

```
python scripts/drive.
py --remote http://< 你的伺服器 IP 位址 >:8887
```

**注意：** 如果你用不同款的車，請至 donkeycar.com/faq 參考如何用 drive.py 更新PMW 設定的説明。

現在請將車子的電源打開。首先你應該會看到ESC閃爍紅燈，接著聽到嗶聲，顯示ESC已校準。

### 蒐集訓練資料

請至 <your server ip>:8887（<你的伺服器名稱>:8887）網頁，找到車子的分頁並選擇「mycar」。使用虛擬的搖桿，就可以開車上路了（圖M）。

### 訓練自動導航系統

沿著道路開10分鐘的車後，大約可以累積一千張訓練用影像與轉向角度，就可輸入以下指令以訓練自動導航程序：

```
python scripts/train.py
--sessions <你的程序名稱>
--name <為自動導航程序命名>
```

然後請重新整理遙控視窗，就會看到Pilot裡的自動導航程序下拉選單。請點選你的自動導航程序。點選「啟動交通工

具」讓它開始。試著踩油門，看看自動駕駛員會去哪裡！

## 冒險旅程

這個開源專題還在嘗試的階段，若大家繼續在Donkey平臺提供改良的點子，它就會更進步。請發揮創意，讓你的車子大放異彩。（例如，只要為Donkey的設定做一些修改，就能應用在其他不一樣的交通工具上。）我們改良的速度愈快，就能愈快往自動駕駛的世界邁進。 

## 在Amazon EC2平臺上操作Donkey

Amazon Elastic Computer Cloud（Amazon EC2）是一個安全、可擴充計算能力的網路服務，屬於Amazon Web Service（AWS）雲端平臺的一環。使用者可租用虛擬電腦來操作自己的應用程式。

1. 登入Amazon EC2。
2. 按Launch Instance（啟動範例檔）。
3. 確認使用者所在區域（建議使用g2.2xlarge）。
4. 按Community AMI's（AMI社群）。
5. 搜尋donkey尋找範例檔。旁邊顯示最高筆數的就是了。若要直接輸入名稱則是ami-df5e07bf。
6. 啟動後，你的Security Groups（安全性選項）看起來會如圖  所示，除了來源IP位址是你自己的IP。提醒一下，我們並未使用安全協議或密碼登入，所以IP位址是唯一一防止外部網路入侵的措施。
7. 當你啟動主機後，可用SSH或使用AWS主控臺取得終端存取：

```
cd donkey
git pull origin master
source env/bin/activate
```

8. 開啟主機：

```
python scripts/serve.py
```

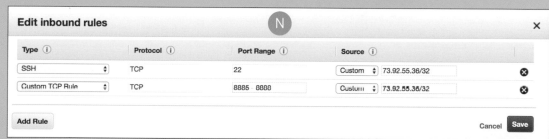

**Edit inbound rules**

| Type | Protocol | Port Range | Source | |
|---|---|---|---|---|
| SSH | TCP | 22 | Custom | 73.92.55.36/32 |
| Custom TCP Rule | TCP | 8885 – 8888 | Custom | 73.92.55.36/32 |

Add Rule          Cancel  **Save**

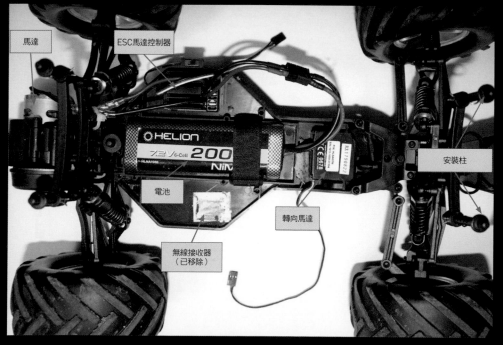

馬達 | ESC馬達控制器 | 安裝柱 | 電池 | 無線接收器（已移除）| 轉向馬達

## 讓自己的遙控車變身Donkey！

幾乎每一種遙控車都可以改成Donkey自走車，除非接收端已嵌入ESC馬達遙控裝置。以下是可否改裝的參考指標：

» 伺服馬達須使用 3 股連接器。ESC 在其中一側有兩條線連接至電池，另一側則可能有三條線（無刷馬達）或兩條線（有刷馬達）。

» 有刷馬達較易使用，因為它們無須校準，低速行駛時也較穩定。

» 使用 BEC（去電池電路，battery elimination circuit）或 UBEC 的 ESC 進行內嵌比較容易。BEC 會透過 3 股電線從 ESC 提供 0 或 5 伏特電壓。這個電壓能夠提供伺服馬達擴充板能源。這點很重要，因為預設設定中 Raspberry Pi 不會提供電源給伺服馬達擴充板。

你可以至 makezine.com/go/airigami 學習更多氣球技巧。

### 氣球小歷史

氣球至少於1824年便已出現了，當時，麥可・法拉戴（Michael Faraday）於倫敦皇家研究院以橡膠氣球進行氫氣實驗。隔年，橡膠製造商湯姆士・漢考克（Thomas Hancock）推出了包含罐裝橡膠溶劑和打氣筒的DIY氣球玩具組。這個版本的氣球會受溫度影響而變化。直到1847年，J. G. 英格萊姆（J. G. Ingram）製作了硫化的玩具氣球，才能免受溫度影響，也成為了現今玩具氣球的始祖。

# 製作氣球拱門來升級你的派對

文：賴瑞・摩斯
譯：七尺布

# Super Pumped

## 氣勢萬千

時間：一個下午　成本：20～40美元

### 材料

» 氣球
» 支架 竹製或釣魚線都可以，端看你需要的內部結構穩定度和彈性而定。
» 夾子

### 工具

» 空氣泵浦

**賴瑞·摩斯**
**Larry Moss**
和他的夥伴凱利·齊托（Kelly Cheatle）是 Airigami 團隊的策劃者及首席藝術家。他們環遊世界，設計並建造各種大型氣球裝置藝術。

**在 Airigami，我們並不滿足於製作氣球小狗或帽子。**我們是製作大型裝置藝術的團隊，一件作品可能會使用超過十萬顆氣球。要創造這些栩栩如生的氣球藝術，需要數人至 60 人的製作團隊。

我們的建材並不是傳統的磚頭或 2×4 木材，因此，要完成如此大型的工程會遇到一些特殊的困難。不過，雖然每件作品都讓我們面臨不同挑戰，我們還是整理出了一些基本技巧，讓你和朋友們可以自己製作氣球裝飾，在下次的派對中充分利用。

## 製作拱門

這個專題很適合做為氣球藝術的入門，也很適合放在派對的入場處、當做花車上的裝飾、還能為你的下個巨大氣球專題暖身。

只要是製作大型專題，都需要具備製作簡易結構的基本概念。最基本的氣球拱門就是第一課。這個傳統的氣球拱門使用了氣球以外的材質作為內部架構。（並不是所有氣球結構都需要內部支架，只是入門時這樣做比較適合。）

如果是較小型，基底約 6 英尺寬的拱門，你可以使用幾袋 5 英寸的圓型氣球和 11 英尺的彈性支架製作。如果是大型拱門，你可以選擇 11 英寸或 12 英寸的圓形氣球。

依據每個專題的需要，氣球大約可區分為空氣、氦氣或氫氣氣球。Airigami 大部分的專題都是使用空氣氣球。無論是利用手動泵浦（如為運動用球或腳踏車輪胎充氣的泵浦）還是大型的空氣壓縮機都可以。

## 測量氣球大小

圓形氣球並不是真的圓形。它們的尺寸是以直徑較短的那一側計算（圖 **A**）。

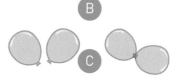

要讓拱門平順，關鍵在於所有氣球充氣的量要一模一樣。你可以設一個基準，例如用紙箱挖個洞，讓氣球都充氣至一樣的大小。

## 測量拱門大小

你也可以精確地測量計算拱門的長度，但為了方便説明，以下我們會以業界通用的快速測量法做為標準。拱門的高與寬有三種可能的相對關係（圖 **B**）：

**A.** 拱門寬度大於高度。因此粗估總長度 $l$ 等於高度 $h$ 加寬度 $w$。

**B.** 拱門寬度約等於高度。粗估 $l=1.5h+w$。

**C.** 拱門高度大於寬度。粗估 $l=2h+w$。

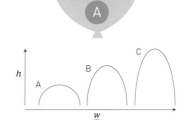

## 組裝拱門

### 1. 將兩顆氣球綁起來

將兩顆充飽氣的氣球，於吹嘴處綁在一起（圖 **C**）。

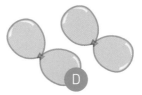

### 2. 四顆氣球為一組

重複步驟 1，於是現在有兩組綁在一起的氣球（圖 **D**）。請將它們的吹嘴處扭在一起，成為四顆一組的氣球（圖 **E**）。

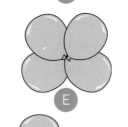

### 3. 固定至支架

將四顆一組的氣球滑入支架，並將氣球倆倆互繞一圈，將支架卡在中間，藉以固定（圖 **F**）。

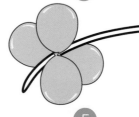

### 4. 蓋拱門

繼續製作四顆一組的氣球並安裝至支架上，每一組都與上一組相鄰的氣球愈靠近愈好（圖 **G**）。

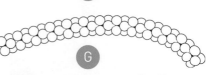

## 更進一步

你大概已經發現，其實內部框架／結構的形狀有著無限可能性，所以不只是拱門，我們還能製作字母或各種複雜的形狀。其中一些可以合併在一起，成為各種你想像得到的巨大氣球雕塑。中心的支架可以使用一般的線或釣魚線取代，創作出更多更彈性的作品。

Larry Moss

# It's a Family Affair DIY家庭日

談到團隊合作打造專題，和家人一起進行會比和其他人合作更有樂趣。成長期間，我曾和媽媽一起改造房子，也和爸爸一起為滑雪板打蠟，這些活動培養出我對DIY的熱情和創意。現在，我和妻子一起經營一個Hackerspace，一起執行那些在世界各地Maker Faire中出現的專題。一起創造，讓我們的夫妻關係不乏味也更加堅定。

以下是一些你可以與家人同樂的創意專題，同時也可能激發出孩子成為Maker的潛力。

你可以和你最親近的人一同打造這些專題

文：麥特・史特爾茲
譯：編輯部

**麥特・史特爾茲 Matt Stultz**

《MAKE》雜誌3D列印與數位製造負責人。他也是位於美國羅德島州的3DPPVD及海洋之州Maker磨坊（Ocean State Maker Mill）創辦人與統籌，經常在那裡動手做東西。

## Makey Makey 手術遊戲

我去年開發了這個專題做為2016 Maker Camp的活動項目之一。我們將這個手術遊戲的基礎，也就是Makey Makey控制板套件，發送給參與者。要打造這個專題相當簡單，你只需要一把剪刀即可。其中的樂趣主要在於找出Makey中要被移除的元件，我從彈簧開始玩起，但其實任何金屬物件都可以嘗試。Makey Makey可說是蘊藏所有專題潛力的聚寶盆。

**時間：**約30分鐘

**完整專題：**makercamp.com/projects/makey-makey-makey-operation

### 材料與工具

» 小型瓦楞紙盒
» Makey Makey 套件
» 卡紙（1張）
» 銅箔膠帶
» 膠帶
» 彈簧，$^1/_8$"×1"（4）
» 金屬鑷子
» 列印模板
» 剪刀

## 簡易長形滑板

這個專題是來自Make第一任總編Mark Frauenfelder的想法，如果你或你的孩子很喜歡在水泥地上玩滑板，這個專題可以讓你在人行道上衝浪衝個過癮。這個專題提供了一種簡單的方式來疊加膠合板，讓你的滑板具有額外的力量支撐孩子和家長。

**時間：** 2天

**完整專題：** makezine.com/projects/
simple-longboard

### 材料與工具

» 合板，baltic birch，厚¼"，4'×8'（2）
» 黏膠，木材用 如 Gorilla 黏膠
» 膠帶
» 滑板輪子
» 滑板輪架
» 黑色砂紙
» 帶膠
» 油漆刷
» 鉛筆
» 剪刀

## 騎乘式氣墊船

成長過程中，我常在漫畫或男性雜誌的廣告中看到製作氣墊船的教學，因此總是夢想著，氣墊船會載著自己的冒險之心恣意滑行。當然，我現在知道，雖然這個氣墊船的專題比其他製作方法更有效率，但它始終無法讓我隨心前往任何地方。後來當我看到一個朋友用普通的材料製造出氣墊船時，我認為若將著個專題發表在 Maker Camp 上會相當有趣。做一對氣墊船，讓家人比賽吧！

**時間：** 2小時

**完整專題：** makercamp.com/projects/
rideable-hovercraft

### 材料與工具

» 合板，½"×4'×4'
» 防水布，大於 4'×4'
» 吹葉機
» 桶蓋
» 萬用膠帶
» 螺絲，長 ½"
» 電鑽
» 線鋸
» 剪刀
» 碼尺
» 線

## 渦旋大砲

這項專題肯定會造成你家的「大爆炸」，渦旋炮只不過是個底部有一個洞的桶子，以塑膠隔膜替代蓋子，加上一條彈力繩來拉動膜片。當你拉彈塑膠膜片，一陣陣的空氣會從大砲的後面噴發，力道之強大可以擊倒塑膠杯或吹亂你的頭髮。這項專題需要使用到幾樣電動工具，但都很容易上手，可以讓全家大小一起奔跑，肆意用氣流攻擊對方。另外，如果在發射前放入一些派對用的煙霧，便可以看到煙霧彈的效果。

**時間：** 約45分鐘

**完整專題：** makercamp.com/projects/
vortex-cannon

### 材料與工具

» 桶子
» 彈性繩（2）
» 萬用膠帶
» 束線帶
» 耐用垃圾袋
» 電鑽
» 線鋸

### 踩踏式火箭

誰沒有過搭火箭去和星星玩耍的夢想？長大後，發射計劃激起了我的想像力，也讓我愛上科學和科技。用可燃馬達製作火箭模型很有趣，但要找到一個安全的地方來發射它們卻很棘手。Stomp 火箭讓您有機會設計火箭並在後院或巷弄中將其安全地射入空中（約 20'～30' 高）。利用幾根 PVC 管和汽水瓶搭建您的發射臺，並請你家人的注意天空中的情況即可。

**時間：**約 30 分鐘

**完整專題：** makercamp.com/projects/stomp-rockets

### 材料與工具

» PVC 管，½"×5'
» PVC 管套，½"（2）
» PVC 管 L 型接頭（1）
» PVC 管 T 型接頭（1）
» PVC 管，½"×1'（非必要）
» 汽水罐，2 公升
» 紙張
» scotch 膠帶
» PVC 切管器或鋸子

### 髒兮兮藝術節

另一個能讓整個家庭甚至社區一起活動的專題是舉辦一個「髒兮兮藝術節」（messy art day），這正是加州艾西里多幼稚園自 2010 年以來一年一度的活動，他們將教室和遊樂場改造成各種各樣的動手做藝術的場地，促進小朋友「做藝術」的潛能激發。而最終目的，沒有其他的，就是希望大家能大玩一場。

今年三月，我和妻子及小兒子一起參加了這項活動，我對這次的經驗感到非常興奮，新的專題想法也在結束後源源不絕。活動中比較令我印象深刻的有：

🔁 **旋轉人藝術創作：** Maker 再利用操場上的輪胎鞦韆。一個孩子趴在輪胎上，給他一個噴漆的噴水瓶，推動他後，來回擺盪之際同時在下面的材料上作畫。

🍃 **風的山洞：** 將一塊紙板裝在盒式風扇的外側，放置在其側面，並將其升至半空中以允許氣流通過，孩子們將一堆紙屑捲入風扇中，讓它們隨風飛舞填滿房間。你可以用簾子環繞出一個空間，讓小紙屑填滿空間。

🫧 **刮鬍泡山：** 這個活動簡單又有趣，你只需要將許多刮鬍泡放在一個超大的容器中。你也可以用園藝器具為泡沫塑形。加上食用色素也是有趣的選擇！

艾西里多幼稚園的所有活動都包含日常生活中常見的用品，如以油漆浸泡的網球和扁平紙板製成的迷宮。善用日用品製作出的作品不僅可以增加趣味性，同時也強調了「創意是成為 Maker 的關鍵」的觀念。

—麥克·西尼斯

Sydney Palmer, Dana and Scott Mitchell - ECPC, Mike Senese

# Covert Communication
## 祕密通訊

用一顆按鈕、一個蜂鳴器和Pi Zero，就能以摩斯電碼進行祕密通訊

文、圖：亞當、艾曼紐和伊薩‧麥肯地　譯：Madison

亞當、艾曼紐和伊薩·麥肯地
Adam, Immanuel, and Isa McKenty

自造、自學、大量閱讀、自組電腦跟玩音樂的三兄弟。他們來自加拿大西岸科爾特斯島，那裏天氣潮濕，郵局每週只開三天。他們偶爾會在 autodidacts.io 上發表他們的實驗結果。

## 時間：
## 2～4小時
## 成本：
## 30～60美元

## 材料

» **Raspberry Pi Zero W，附 microSD 卡和電源** Adafruit #3400、#2767 和 #1995，adafruit.com
» **Raspberry Pi GPIO 公排針，40 針，20×2** Adafruit #2822
  注意：所有 Pi 相關的元件，Adafruit 的 Raspberry Pi Zero W Budget Pack 套件中都有，Adafruit #3410
» **蜂鳴器，3V** Adafruit #1536
» **街機按鈕，30mm** Adafruit #473
» **JST 接頭導線，12" 母頭 2 針（2）** Adafruit #1003
» **機械螺絲，#6-32×1³⁄₄"（4）**
» **有蓋螺帽，#6-32（4）**
» **盤頭螺絲，#3×¹⁄₂×（4）**
» **熱縮套管**
» **塑膠管，¹⁄₄"、1" 長，或是 4 個小塑膠墊圈** 用來做 Pi 的支架
» **雷射切割外殼（非必要）** 你可能需要 1 平方英尺的 ¹⁄₄" 膠合板、¹⁄₂ 平方英尺的 ¹⁄₈" 鑲板，並要有雷射切割機或數控銑床可以使用。想看看其他替代方案，請見「窠臼之外」一欄。
» **程式碼和設計** 檔案在 github.com/ TheAutodidacts/InternetTelegraph
» **Micro USB 轉乙太網路線（非必要）** 如 Adafruit #2992

## 工具

» 十字螺絲起子，小
» 烙鐵和焊錫
» 筆刀
» 熱熔膠槍
» MicroSD 讀卡機

**摩斯電碼是一種超級簡單的通訊協議，可以各種方式發送**——不管是用手拍還是光線、哨子、無線電信標，你想得到的方式都行。它是人類遠距電子通訊的第一種方法，常在奇幻冒險小說（或是真實事件改編作品）中出現，一直以來有種復古的神祕感。

和許多年輕人一樣，我們對代碼和密碼很感興趣，尤其是摩斯電碼。我們用摩斯電碼寫信給朋友，用手電筒在岸邊和海上的自家帆船以摩斯電碼溝通。我們的第一個摩斯電報系統是兩條手工纏繞的電磁鐵用廢電話線相連而成。一顆交流電變壓器供電給磁鐵，通電的磁鐵使外纏的廢金屬以讓人耳朵受不了的 60 Hz 嗡嗡聲發出長短音訊號。

還好，此後我們的技術水準進步不少。我們想知道，如果將實體摩斯電碼如此簡單的特性連上網，會發生什麼事？後來 Raspberry Pi Zero W 上市了，一塊可以用在專題中的可連網電路板，只要 10 美元，我們決定利用它找出答案。

試了幾個原型和程式語言後，我們獲得一個雷射切割出的漂亮 3"×5" 外盒，裡面有 Pi、蜂鳴器，上面還有顆大按鈕。

按下按鈕，Pi 上的 Golang 用戶端透過 WebSocket 伺服器發送信號，打開其他相連電報箱中的蜂鳴器。Pi 的配置讓你可以設定電報連接的頻道，包括任何人都可以聽和對話的開放頻道（如業餘無線電摩斯頻段），以及只有你跟朋友可以用的私人頻道。伺服器和用戶端程式碼都是開源的，你可以隨意修改。

## 1. 寫入 PI

在 Pi 上設置電報碼最簡單的方法是用預先打包好的磁碟映像檔。從 github.com/ TheAutodidacts/InternetTelegraph/ releases 下載並解壓縮映像檔。磁碟映像檔包含 Raspbian 作業系統，因此下載需要幾分鐘的時間。（要使用進階選項或手動安裝電報用戶端，請見 GitHubt 儲存庫中的說明。）

如果你還沒有燒錄磁碟映像的工具，Etcher（etcher.io）是個不錯的選擇。將空白的 microSD 卡插入讀卡機，啟動 Etcher， 點選「Select Image」（選擇映像檔），然後選擇網路電報磁碟映像（internet-telegraph.img）。

## 真命天子Golang！

透過網際網路發送摩斯需要即時通訊協定，要是每發送一個短音或長音就要等待一個HTTP請求，誰受得了？！還好，我們有WebSockets通訊協定。

我們試了幾個不同的技術堆疊，想幫電報系統找個簡單的用戶–伺服器實作方式來搭配Web-Sockets。我們試了Node.js，它有個漂亮的WebSocket函式庫，但在Pi上實作起來相當複雜；而Python在Pi上實作很容易，但伺服器端就不是很理想。

最後我們選用Go。Go或Golang是Google開發的開源程式語言，相對較新。它結合了Python或JavaScript等高階語言的特點（如線上套件管理和相對簡潔的語法）和C++等低階語言的特點（靜態類型、可轉換為機器碼），再加上一些獨有的特殊功能，像是透過「goroutines」輕鬆增加執行緒。

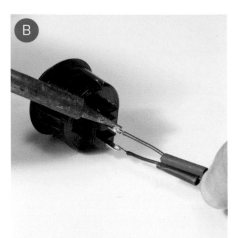

點「Select Drive」（選擇磁碟機）並選擇你的microSD卡（這個步驟請小心，別把映像檔寫到你的硬碟上了！）。點「Flash」（寫入），等待Etcher完成它的工作。退出SD卡，將其從讀卡機中取出再放回。現在它應該顯示為可用檔案管理器讀取的磁碟機。

## 2. 設定你的電報機

### 設置無線網路資訊

電報可以走乙太網路（用MicroUSB轉乙太網路轉接器，如Adafruit#2992），或連接到無線網絡。要連到無線網絡，到SD卡打開/etc/wpa_ supplicant/wpa_supplicant.conf，在檔案底部輸入網路的SSID和Wi-Fi密碼。

### 設置電視頻道和伺服器

打開SD卡根目錄下的config.json檔案。有兩個配置選項可以設定：「Channel」（頻道）決定你還可以與誰通訊。若要發送私密摩斯電碼給你的親朋好友，把這個選項設為一系列字符組成的密碼，只有你和親朋好友知道。預設頻道是「大廳」（lobby），任何有電報系統而沒有更改頻道者都會在大廳中。

在預設情況下，電報訊息會經過我們在morse.autodidacts.io的伺服器。你也可以從GitHub下載伺服器程式碼，在雲端或內部網路上架設你自己的伺服器。如果使用自己的伺服器，請將morse.autodidacts.io中的「server」（伺服器）值改成你伺服器的網址或IP位址。

儲存好更新過的設定後，退出SD卡，插入Pi Zero中。

## 3. 接線！

連接Pi Zero的第一步是焊接GPIO排針。從正面放上排針，接著把Pi翻過來，一次焊接一個針腳來固定排針。焊接好所有針腳，避免讓多餘焊錫在針腳之間形成連線（圖A）。（想看詳細說明，請參閱Adafruit的簡明教學：learn.adafruit.com/pigrrl-zero/pi-zero。）

將幾截熱縮套管套在JST接頭導線上，然後將引線焊接到街機按鈕的針腳上（圖B）。哪根電線接在按鈕上的哪個針腳

都沒關係。完成後，將熱縮套管往按鈕方向滑，套在接頭上，用烙鐵使其收縮（圖C）。

將另一條JST接頭導線焊接到蜂鳴器上。這裡就有特定的極性，黑色或虛線負極要連接到較長的針腳（圖D）。

## 4. 裁切

如果你有雷射切割機可用，請用1/8"鑲板切出上下蓋（InternetTelegraph-top-and-bottom.svg），如果喜歡還可以在上蓋雷雕摩斯字母圖形當裝飾。

從六層1/4"膠合板上切下側面板（InternetTelegraph-enclosure-sides.svg）。如果你的切割機可以處理，也可以用三層1/2"膠合板切割。

你也可以跟雷射切割服務供應商訂購膠合板元件。跟地方Maker討論你所在地區附近最推薦的切割服務，或參考makezine.com/where-to-get-get-digital-fabrication-tool-access。

## 5. 組裝電報機

將膠合板疊起來，上蓋先放一邊，將機械螺絲暫放入對應的孔中，使各層對齊（圖E）。

切割4段2mm（0.078"）的塑膠管（圖F），一段段放入盒子的導孔中（圖G），然後將Pi放在上面，使接頭朝向盒子的邊緣（圖H）。用4顆#3×1/2"螺絲固定Pi。

將蜂鳴器引線插入GPIO腳位19和接地（圖I），使負極朝向Pi的邊緣，點一點熱熔膠將蜂鳴器向下黏住固定，防止它在盒子中四處亂撞（圖J）。

將街機按鈕的導線穿過頂板上的孔，然後將按鈕按入孔中。將按鈕的引線插入GPIO腳位26和接地（圖K），方向無所謂。

卸下機器螺絲。蓋上雷射切割好的上蓋，使上蓋按鈕位置在Pi的對面而非正上方（圖L，上一頁）。重新鎖上螺絲，用4顆有蓋螺帽固定（圖M）。

## 6. 上電

插入USB電源，Pi啟動大約要30秒。當Pi啟動並連接到摩斯伺服器時，將以摩

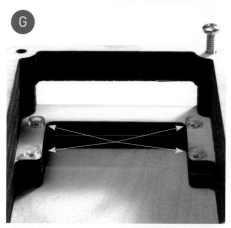

### 隔離機構

我們發現大多數電子專題需要一點隔離用機構件：小隔板，最好是不導電的，以便將電路板與上下蓋隔開。這些零件長度通常要非常精確，好塞進小到出乎你意料的空間中。找到合適的機構件可能不是那麼容易，對於住在偏遠地區的人來說尤其如此。我們的解決方案是把一段壓克力管縱向剖開當隔板。如此一來要多長有多長，並可以根據需要進行實驗，直到獲得最佳的尺寸。

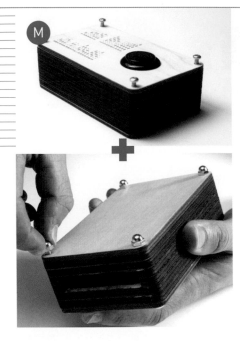

斯電碼發出「準備就緒」的訊號（ .-. . . . -. . -.-- ）。

要測試連線，請按電報機上的按鈕。如果聽到嗶嗶聲，表示電報機正在和伺服器通話。大功告成！

## 願摩斯與你同在！

標準摩斯字母有文字、數字和各種標點符號。數字和字母雷雕在上蓋上，方便參考。想要更完整的資訊，以及一些學習摩斯的提示，請從GitHub印出InternetTelegraph/Docs/translate-morse.pdf。你可以準備一本筆記本，方便記錄收到的電報。

摩斯由點、劃和停頓（間隔）組成。每一種符號都有其特定的長度。牢記這些長度讓你能發出格式良好的電報，無論用什麼速度發出都容易解讀。劃的長度是點的3倍。字符之間的間隔等於一個點。字母之間的間隔長度是3個點，單詞之間的間隔長度是點的7倍。

當你（和你頻道上的其他電報員）準備好了，就可以發送電報了！

我們建議試試一些簡短而甜蜜的訊息，比如「hi」，摩斯電碼是4個點、一個空格、2個點：滴-滴-滴-滴 滴-滴。（「Hi」也是電腦科學家布萊恩·柯林漢（Brian Kernighan）1972年的程式教學中產生的第一個輸出，比「hello world」更早。我們遵循歷史的先來後到。）

## 以簡馭繁的摩斯電碼

摩斯電碼和發送電碼用的電報是1840年左右由畫家兼工匠塞繆爾·摩斯（Samuel Morse）和機械師阿爾弗雷德·韋爾（Alfred Vail）發明。之後一個世紀，摩斯電碼是電線和無線電進行遠距離通信的主要方式。最初的摩斯電報機是用一支由螺線管驅動的鐵筆在會移動的紙上壓出點和劃。後來，電報操作員發現他們可以從螺線管運動聽出電碼，不需要鐵筆。

摩斯電碼也出現一些神祕的用途。最知名的是愛迪生用摩斯電碼向妻子求婚，兩人還會用手指發出祕密訊號給對方（我們也在許多場合這麼做過，不過不是求婚）。越戰中被俘的美國前海軍少將耶利米·丹頓（Jeremiah Denton），在1966年一次電視訪問中以眨眼的方式發出摩斯電碼，從越共眼皮底下發出訊息給美國，此舉讓他後來聲名大噪。

由於簡單，摩斯密碼可以以聲音、光束、無線電、觸摸、電報線或幾乎任何其他可以變化或打開關閉的介質傳輸。摩斯無線電傳輸比語音通信更不易受信號微弱和干擾的影響，因而受到長距離業餘無線電操作者的青睞。

剛開始的嘗試會非常緩慢，只會發送簡單的電報。先記錄下摩斯電碼，傳輸完畢之後再解碼。發送的流程也一樣：先寫下摩斯電碼，再照著按。

## 故障排除

如果電報機連接到伺服器時發生錯誤，當按下按鈕時，電報機將發出一連串8聲短鳴。這表示你要檢查Pi的網路連線是否正常，電報機用戶端配置是否正確。

最簡單的排除方法是將螢幕、滑鼠和鍵盤連接到Pi。接上這些周邊設備後，先確認Pi

有連上網。再來，打開終端機，輸入 `cd /&&./internet-telegraph`，試著用指令控制電報用戶端。接著按電報機按鈕，確保終端機有記錄下按鈕的行為，顯示用戶端連接到伺服器，沒有發生任何錯誤。

如果想展示你駭客級的高階技術能力，可以不用螢幕，改用SSH來執行這個工作。使用nmap取得你的Pi的IP地址（或者嘗試 `ssh pi@raspberrypi.local`），SSH到你的Pi中除錯。

如果出現任何問題，我們很樂意提供協助。只要在GitHub存儲庫中開一條問題，或者發信給 info@autodidacts.io。 ◗

# 1+2+3 打造繽紛碎布繩

文、攝影：辛緹亞・岡薩雷皮爾
譯：編輯部

**如果你身邊充斥著許多不用的布料**，可以將它們回收、改造成非常實用的材料。

有一次我在整理縫紉工作間時，突然想到了這個點子。我習慣留下用剩的布料（以防萬一！），那些又長又細的布料交互纏繞在一起，顯得非常雜亂。在我上網研究如何製作繩子之後，我發現了一部示範如何用樹皮手作繩子的影片。我使用了影片中的一些技巧來用布料製作繩子，效果非常好。

## 1. 交織

將兩條廢布條打結固定在一起。

**訣竅：**為了避免糾結成一團，請使用一條長布條和一條短布條製作。

## 2. 扭轉

將後面的布條往外扭轉幾次（圖**A**）。接著將扭轉後的布條繞過另一條布條轉向自己（圖**B**）。重複這個步驟直到纏繞出你喜歡的長度（圖**C**）。要加入另一條布條來延長繩子，只要留下一截長約1"～2"的尾巴，並將另一條布條纏進去（圖**D**）。接著繼續扭轉纏繞即可。請交錯加入新的布條以避免某處特別脆弱。

**訣竅：**你纏繞得愈緊，麻繩就愈牢固。

## 3. 打結

在繩子尾端打一個結固定，避免繩子散開（圖**E**）。

## 時間：
### 1～2小時
## 成本：
### 0～10美元

## 材料
» 各種長度的廢布料，請裁成寬1"的布條

## 工具
» 裁布剪刀

**辛緹亞・岡薩雷皮爾**
**Cintia Gonzalez-Pell**

鼓舞人心的手作教學，其最大的動機便是對創作的渴望，以及從人人不愛的物品中發現美好，並賦予它們新生命。她現居澳洲墨爾本。

## 如何利用它？

這條繩子可以應用在編織手作中，做為麻繩來綑紮或綑綁。

» 一張色彩鮮豔的編織門墊
» 編織椅套，可代替海草繩
» 應用於珠寶或縫紉專題中
» 與棕色包裝紙搭配，包裝各式禮品

你可以至youtu.be/-XfpFhnh8xg觀看製作影片。

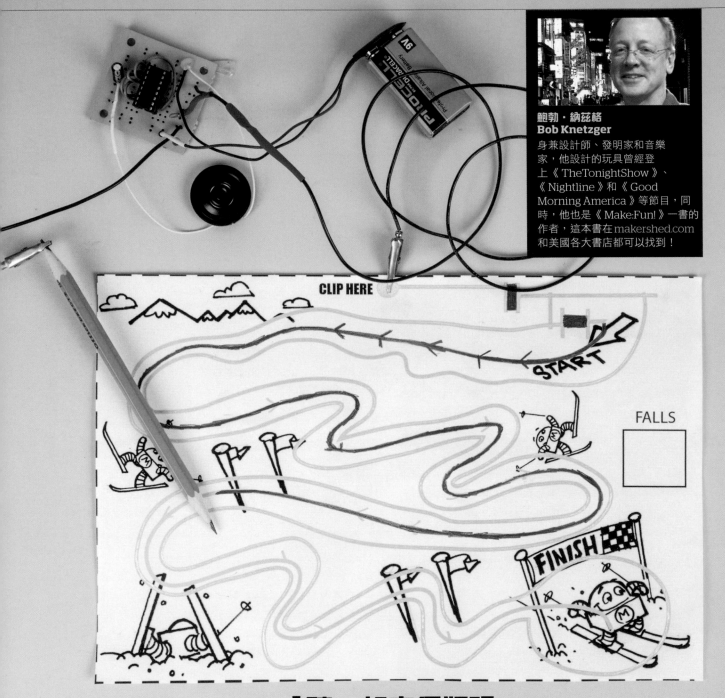

CLIP HERE

START

FALLS

FINISH

**鮑勃・納茲格**
**Bob Knetzger**
身兼設計師、發明家和音樂
家，他設計的玩具曾經登
上《 TheTonightShow 》、
《 Nightline 》和《 Good
Morning America 》等節目，同
時，他也是《 Make:Fun! 》一書的
作者，這本書在makershed.com
和美國各大書店都可以找到！

「聽」起來很好玩

# Sounds
# Like Fun

文：鮑勃・納茲格　譯：花神

打造電路和導電墨水卡片來玩電子聲音遊戲

Sydney Palmer, Bob Knetzger

許多年來，市面上一直都有出一些電子遊戲，讓你一邊玩，一邊學習跟電有關的知識！杰・斯威爾瑞（Jay Silver）在2008年出品的Drawdio（圖Ａ）結合簡單的555計時器電路和鉛筆產生尖銳聲響、嗶嗶聲和其他樂聲。當你畫圖的時候，鉛筆中的石墨（也就是碳！）可以傳導電訊號——也就是說你其實在畫電路圖！鉛筆線畫得愈長、愈細，電阻值愈高，振盪器發出的聲音愈低。

線愈短、愈粗，可導電的碳愈多、電阻愈低，發出的聲音愈高（Adafruit出品的Drawdiokit套件，兩面都有電路板，一邊接線，另一邊用表面貼焊，見以下網址adafruit.com/products/124）。

三十年前，Mattel玩具公司出品的「電子連線」（The Electronic Connection）玩具（圖Ｂ）就推出導電墨水繪製的卡片，讓玩家可以用電子「鉛筆」來解尖叫迷宮、玩嗶嗶叫遊戲，也可以進行音樂創作！那時網版印刷、經過熱固化處理的導電墨水卡片上面有真正的銀！即使在那時也算是超級昂貴的！

現在，隨著技術進步，你可以自己用筆繪製導電墨水電路，不僅快速、簡單，而且（相對）便宜！在第71頁的「看門道：導電墨水筆巡禮」一節當中，我有介紹一些導電墨水筆給大家參考。

在這篇文章當中，我們要介紹一個簡單的DIY專題，讓三個願望，一次滿足：用導電墨水筆繪製電路，打造電子聲音遊戲。你可以使用現成印製的卡片，也可以自己做。

## 接線

這個電路很簡單，用到的零件很少，可以用原型板，也可以在洞洞板上用點對點接線的方式焊接。在我的專題當中，4049晶片的部分我用了DIP插座。不過，你不一定要如此。現在，請跟著電路圖（圖Ｃ）一步一步完成電路吧！

這背後的原理到底是什麼呢？4049晶片常應用於解碼器和多工器，Mattel玩具公司的工程師發揮創意，將4049晶片應用於「電子連線」遊戲中，讓這個平常不起眼的晶片創造聲響。晶片上的三個反相器頭尾相連，加上一顆電阻和一顆電容，就可以自己產生方波，鉛筆裡頭的「鉛」搭配紙上的印記和電路為電阻提供回饋：電阻愈大，電路振盪愈快，輸出音頻愈高。

振盪器輸出端連接接到另外三個並聯的反相器，這個輸出訊號的強度可以直接驅動動圈喇叭——不需要再接上其他的音訊放大器了！

電路完成之後，請將一條18"長且前端有鱷魚夾的電線接（或焊）到「Ａ」處，然後，再從4049晶片的2號腳位接另一條有鱷魚夾的18"電線到卡片上你畫的電路上。

## 來試試看吧！

削尖一支2B鉛筆（不是2H喔！）用比2B更黑的也可以。一端用鱷魚夾夾住。注意：HB鉛筆太硬，無法在紙上留下足夠的碳質來完成電路，建議你可以去美術用品店找2B、4B甚至6B的鉛筆，我覺得像Staedtler Mars Lumograph的6B鉛筆效果就很好！

請在紙的邊緣畫出一條胖胖、厚厚的鉛筆路徑，然後，將另外一支鱷魚夾接到鉛筆筆跡路徑上，當你將鉛筆筆尖接觸鉛筆筆跡路徑時，電路就接通了，你會聽到嗶——的聲音。你可以在電路上畫出各種鉛筆筆跡路徑，製造出從低吼到尖叫的各種聲音：嘎啊啊啊啊啊啊啊（見圖Ｄ），好好玩吧！除了用鉛筆尖連接筆跡路徑之外，也可以用手指來接觸，你只要一隻手抓著鉛筆間，另外一隻手指去碰筆跡路徑就行了。這樣已經夠好玩了——不過還有更好玩的在後頭。

時間：
1～2小時
成本：
30美元

## 材料

» 4049 六反相器 IC 晶片 加上 DIP 插座，因為 CMOS 零件對靜電敏感
» 電容，0.1μF
» 電阻，10MΩ
» 功率二極體
» 電容，4.7μF，12V
» 電池，9V
» 電池夾，9V，附導線
» 鱷魚夾（2）
» PCB 原型板或洞洞板
» 多芯線
» 喇叭，小，8Ω
» 銲錫
» 石墨鉛筆，軟
» 橡皮擦，軟白型

## 工具

» 烙鐵
» 導電墨水筆 在第 71 頁的「看門道：導電墨水筆巡禮」有更詳細的介紹。
» 剝線鉗
» 斜口鉗
» 資料匣（非必要）
» 膠水或雙面膠（非必要）

**THE ELECTRONIC CONNECTION**
HOURS OF ELECTRONIC FUN – AT THE TOUCH OF A PENCIL!
• MUSIC • MATH • MAZES
• SPELLING • 2 PLAYER STRATEGY GAMES
• 20 ACTIVITY CARDS!

Ｂ

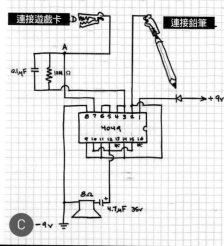

連接遊戲卡　　連接鉛筆
0.1μF　10MΩ　4049　+9V　8Ω　4.7μF 35V　-9V

Ｃ

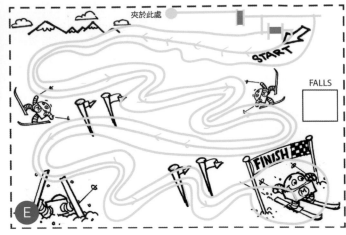

## 更好玩的遊戲卡！

下一步，讓我們來用導電墨水筆繪製電路，製作遊戲卡！先用導電墨水筆繪製電路，再用鉛筆筆跡做為電阻控制，就可以製作出你自己的遊戲卡了！不過在那之前，可以先試試由們從「電子連線」改良的遊戲卡，請到 makerfunbook.com/portfolio.html 網頁印出遊戲卡電路設計（請點選頁首行第3、4、5、6個列印「Print」按鈕），如果希望列印的遊戲卡持久一些，可以用厚紙板或資料匣墊在下面，用膠水或雙面膠黏上之後再剪。

圖E中藍色部分請用導電墨水繪製，等到墨水完全乾掉之後，用2B鉛筆填滿電阻部分（紅色部分），這個時候要用力一點，讓鉛筆中的碳鋪上厚厚一層，將鱷魚夾夾上，用鉛筆確認你畫的每一條線都有連貫；如果需要的話，可能要把一些沒有導電成功或太細的部分補強一下。

好的，讓我們開始遊戲吧！

## 靈巧滑雪遊戲

現在，讓我們來介紹遊戲玩法：開始的時候，將鉛筆放在START（開始）中央線上，然後，你會聽到一個很低的聲音，那就對了。然後，跟著中央線走，一直到FINISH（結束，見圖F）。移動的時候不要太過用力按壓，也不需要畫出新的線，用鉛筆輕輕碰觸路面，保持一直聽到聲響就行了。注意！如果你走偏了，或是鉛筆離開了道路，聲音就會中斷，那就是代表「墜落」（FALL）了。這個時候，請在FALL的框框中做一個記號，然後，回到START，再從頭來過。如果是走偏的話，會聽到一個高頻率的聲音，那代表雙重墜落（double fall），請在計分處畫上兩筆，然後回到START，從頭來過。你最少可以只墜落幾次就抵達終點呢？還是你可以一次成功？你覺得遊戲太簡單了嗎？換一隻手拿鉛筆怎麼樣！

## 三合一聲音迷宮

這個遊戲（圖G）會透過聲響魔法，將你導向三個終點。首先，請用鉛筆把其中一個終點圈圈塗滿，接著，一樣，請回到START（開始），用筆尖輕觸路面來走過迷宮，注意一路上聽到的聲音，如果你發覺一路上音頻在慢慢變高，那就是在對的路上，如果音頻愈來愈低，那就表示走錯路囉！這個時候，只要原路繞回，繼續往聲響變高的方向前進就行了，完成之後，可以把原本塗滿的終點塗掉，塗滿另外一個終點圈圈，再重新開始遊戲，這個時候，聽到的聲音也會變喔！

## 雙人棒球

現在，我們要來介紹雙人棒球遊戲（圖H），你可以看到打擊數、出局數、局數等資料。

第一局開始時，玩家要祕密選擇五個棒球，用鉛筆將五個紅色的方塊塗滿，只要用鉛筆尖碰觸塗滿的區域，就會聽到聲

Bob Knetzger

響，好了之後將紙摺起來，把選擇的棒球遮起來。接著，第二位玩家上場，用筆尖輕觸棒球來打擊，如果沒有聲音，表示安打！這個時候，可以用鉛筆輕輕塗滿表示壘包的菱形表示上壘，然後繼續下一次打擊。如果打擊的時候聽到聲響，那就是出局了！遊戲就這樣進行，可以一直更新計分板、記錄上壘與出局等資料，就跟真正的棒球比賽一樣，三人出局之後，打擊手與投手互換，新的投手將原本塗滿的紅色方塊擦掉，再重新選擇五個紅色方塊塗滿，也可以假裝擦掉，保留原本的位置來欺騙對手喔！來玩吧！享受完整九局的導電墨水遊戲！

## MAKEY 機器人音樂會

有三個Makey機器人在演奏樂器（圖 I），你看到了嗎？有一支低音大提琴、一支長號和一支薩克斯風！

將鱷魚夾夾在卡上，然後，把鉛筆尖輕輕放在各種樂器上，低音大提琴的聲音低沉，薩克斯風聲音高昂，至於長號，你可以移動筆尖，製造出長號伸縮的音響效果！就這樣玩出你想要的旋律吧！

## 穿越網格遊戲

這是一款兩人玩的策略遊戲，第一個畫出連貫的線、穿過格子，讓喇叭響起來的人就贏囉！（見圖 J）

每一回合，輪到的玩家都可以畫一條線連接他們的形狀（這個時候要用力一點，讓鉛筆印記清楚地將實線填滿），「圓圈玩家」可以連接相鄰的圓圈，「方塊玩家」則要連接相鄰的方塊，不可以使用對角線，也不可以穿過對方的路線，兩位玩家輪流連線，直到有一方的路線穿過整個路網就贏了！

要宣布獲勝的玩家，必須將鉛筆筆尖碰觸自己形狀的「勝利測試」（WINTEST）點，如果聽到聲響（無論音頻高低），就贏囉！

將所有的線都擦掉之後，就可以再玩一次了！ ⚑

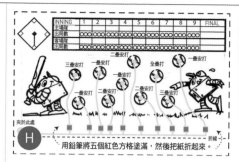

用鉛筆將五個紅色方格塗滿，然後把紙折起來。

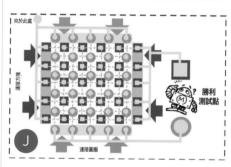

此專題及超過40個其他專題皆收錄於納格茲的著作《**Make:Fun!** 打造你的玩具遊戲和娛樂》（暫譯），makerfunbook.com。

你可至makefunbook.com/portfolio.html下載這些導電遊戲卡片。

# Chaotic Cat Toy

文：查爾斯・普拉特　譯：呂紹柔

## 複擺貓咪玩具

用雙重配重物、線繩和一隻
假耗子打造無法預測軌跡的複擺

**查爾斯・普拉特　Charles Platt**
著有適合所有年齡層學習的
《Make: Electronics 圖解電子實
驗專題製作》及《圖解電子實驗進
階篇》（中文版由馥林文化出版）。
最新的著作為《Make: Tools》。
可參考 makershed.com/platt。

將玩具綁在一條繩子上來回甩動，是長久以來最常被用來逗樂貓咪的方式。但問題是，對你來說，這件事可能並不是非常有趣。

可以讓這個過程自動化嗎？經過嚴格、詳盡地測試，我發現一個複擺是最簡單的方式。在《MAKE》Vol. 22（makezine.com/projects/double-pendulum）與Vol. 50（國際中文版Vol. 26第72頁，makezine.com/projects/double-pendulum-2）中都有複擺的相關專題，但都是用電動槓桿驅動，並且由LED輸出。我的版本只需要兩個配重物、一條線，還有一個「小耗子」做為輸出（圖 Ⓐ）。

鐘擺的長度決定擺動的速度。因此，如果將兩個重物連接在一起，但懸掛高度不同時，上面的重物會與下面的重物產生不規則擺動的效果，而貓咪會覺得有趣。

為了讓擺錘可以持續擺動，重物要愈重愈好。然而，這是個潛在風險：打造這個逗貓繩時，請將重物綁緊，才不會掉落砸到貓咪。如果因為鐘擺製作的疏失而造成貓咪受傷，我無法負責。

## 打造擺錘

重物可以用塑膠瓶來做，例如中、大瓶的維他命罐，在罐底跟瓶蓋上鑽洞，然後將線穿過兩個洞。用小石子、沙子，或螺絲釘把罐子填滿，蓋上瓶蓋，然後在罐底打個大大的結，以確保可以穩固支撐瓶罐，如圖 Ⓑ。尼龍繩比塑膠繩或天然麻繩較強韌，較有彈性，也比較耐用，不過尼龍繩打的結時間久了較容易鬆脫。

下面那個瓶子擺錘是以釣魚線固定，因為下面的擺錘負重較輕，而釣魚線比較不容易看到。我想這可以產生小耗子是自己晃動的錯覺，雖然我不確定我的貓咪會不會發現這個巧思。

## 掛起來

掛逗貓繩最好的地方是門的開關處，室內的門大多都是木製的，對大約1"長的#10盤頭螺絲來說是個極佳的位置。加個防護墊圈在螺絲下面，確保線不會滑落。如果你不想要破壞你的門框，你也可以使用木製夾具，如圖 Ⓒ 所示，但是這樣門就關不起來了。

如果你更有野心，你也可以把逗貓繩掛在天花板，那麼套掛螺栓是個很好的選擇。我的書《Make: Tools》中有一整個章節都在介紹套掛螺栓、錨，以及其他可以釘入石膏牆板上的設備。

## 控制搖擺路徑

擺錘掛好後，你可以微調它，讓擺動的路徑無法預測。上面那個重物的動量應該要比下面的多，這樣才能擺動，也就是說上面的重量要是下面的重量的兩倍重。不斷嘗試將下面容器內的重量移除，讓擺動的軌跡呈現更有趣的路徑。

當小耗子靠近地面、像隻真的老鼠時，你的貓咪可能會有激烈的反應。當貓咪跳到逗貓繩上想抓它的時候，會改變擺錘的路徑，當小耗子被放開，就會繼續不規則的晃動。這個互動可以吸引貓咪的注意力長達15分鐘或更久，看起來也相當具有娛樂性。如此一來，終於可以有個對你跟你的貓咪來說都有趣的貓咪玩具了。●

你可以至makezine.com/go/pendulum-cat-toy觀看複擺貓咪玩具擺動的樣子。

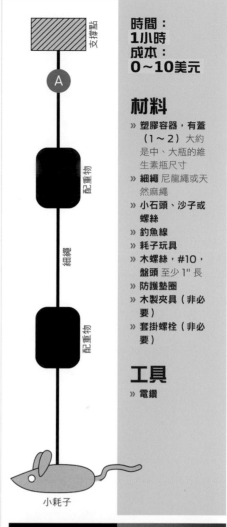

時間：
1小時
成本：
0～10美元

## 材料

» 塑膠容器，有蓋（1～2）大約是中、大瓶的維生素瓶尺寸
» 細繩 尼龍繩或天然麻繩
» 小石頭、沙子或螺絲
» 釣魚線
» 耗子玩具
» 木螺絲，#10，盤頭 至少1"長
» 防護墊圈
» 木製夾具（非必要）
» 套掛螺栓（非必要）

## 工具

» 電鑽

支撐點

Ⓐ

配重物

細繩

配重物

小耗子

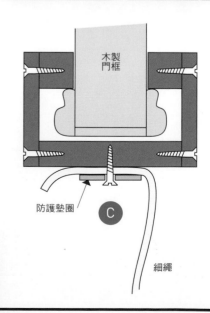

Ⓑ

木製門框

防護墊圈

Ⓒ

細繩

Tyler Winegarner, Charles Platt

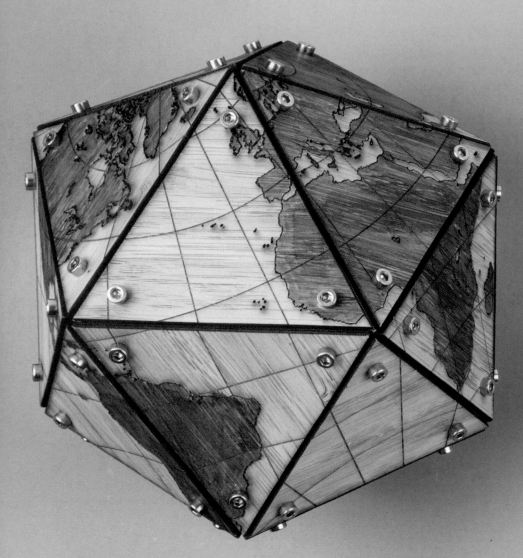

# Bucky's World
## 巴克的世界地圖
用雷射切割機打造不會嚴重扭曲的
2D至3D世界地圖

文：蓋文・史密斯　譯：謝明珊

有一天，我在玩地圖投影時，突然被巴克敏斯特・富勒（Buckminster Fuller）的戴美克森投影（Dymaxion Projection）的效果衝擊。這種投影法能將地球的球形表面展開在平面上，卻不至於嚴重扭曲，還可以拆解成數個三角形，摺疊後又是3D圖形。我之所以開始進行這項專題，是因為想做出自己的3D富勒地圖。

## 嘗試和錯誤

我第一個念頭是以雷射切割做出斜面接合板，再與鑲板黏合，但這會讓世界地圖出現明顯的黏合縫隙，黏合時亦難以固定所有的鑲板。後來，我決定鑽一排洞加以縫合，但縫合的過程耗時，況且縫線鬆脫後也難以重新綁緊。

最後，我想到可以用3D列印印出每一塊頂點，再以螺絲固定木片（圖A）。我以一般PLA線材列印頂點，讓它們的大小可以讓M3自攻螺絲旋入。

我會稍微調整角度和參數設計，以針對下面五種多面體製作頂點：四面體、正方體（六面）、八面體、十二面體和二十面體（圖B），你可以在 thingiverse.com/thing:1862570 下載檔案。

## 科技萬歲

我從維基百科下載了戴美克森地圖，儲存為SVG檔（圖C）。

我大概花一小時將圖片調整成適合雷射切割的形式（圖D），雖然仍然不完美，但至少比用紙筆手工描圖更方便。你可以直接至 thingiverse.com/thing:1871829 下載我的DXF檔。我匆忙趕工，也沒有修正檔案中三角形的破碎處，而是等到切割後再來黏合。Thingiverse的使用者金・史特羅門（Kim Stroman，「kbst」）則重整了我的版本，並將三角形合在一起，你也許會想要從她的版本（thingiverse.com/thing:1995457）開始著手。

我的雷射切割機有一點任性，當我匯入DXF檔時，所有線條都會變成黑色。我必須在軟體上手動選線，決定要切割還是雕刻。這很耗時，但只要完成設

定，就可以將檔案存成雷射切割機的格式，方便下次使用，其他雷射切割機想必比我的更聰明。你不妨多方嘗試，看哪一種機型適合你。

## 發揮想像力

我採用2mm～3mm竹製合板來製作三角鑲板，並用Copic麥克筆親手為五大洲著色（圖 E ），這主要是因為我做得比較匆忙，沒有仔細編輯檔案，但你可以用雷射雕刻實心填充的部分以節省時間。你也可以發揮想像力，用更大膽的色彩來彩繪陸地和海洋，或者稀釋塗料後，在木頭塗上淡彩，保留木頭原有的質地。

我很滿意這種工法，即使螺絲釘不輕，但比起埋頭釘或圓頭釘，我比較喜歡平頭釘的美感；加上它很堅固，就算我站在這個世界地圖上，也不會壓垮它！

此外，這個方法有一個好處，3D列印的頂點適用於任何洞口與邊緣距離15mm的三角板，若要製作更大的作品，只要重新切割木板，3D列印頂點就可以直接使用。

我並非認為戴美克森是全世界最好的地圖投影法，但它有一些有趣的特徵，也絕對是個好玩的專題。

## 更進一步

為了更容易展現地圖是如何從平面到立體，你不妨考慮用磁鐵組裝它，有位名叫史蒂芬・達斯切克（Stefan Daschek）的仁兄聯絡我，說他做了一個用磁鐵摺疊的版本，你可以至makezine.com/go/magneticdymaxion-globe參考他的作品。

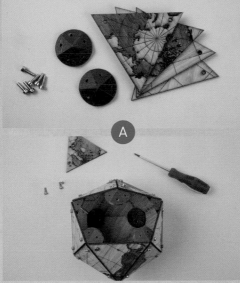
A

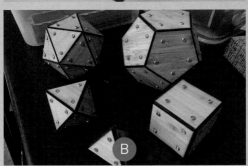
B

C

D

E

時間：
1～2小時
成本：
5～30美元

## 材料
» **螺絲** 我採用 M3 自攻螺絲，因為我喜歡它的外觀，但任何類似的螺絲都可以
» **PLA 線材**
» **木材** 我採用竹製合板，厚度 2～3mm
» **麥克筆（非必要）** 我用 Copic 麥克筆為五大洲著色

## 工具
» 雷射切割機
» 3D 印表機
» 有網路連線的電腦

## 什麼是戴美克森世界地圖？

說到傳統的平面世界地圖，你可能會想到常在教室裡看到、可以回溯到1569年的麥卡托投影法（Mercator projection）：那是一張平面網格圖，美洲在左，歐洲、亞洲和非洲在右。網狀結構有助於導航，但其將世界地圖壓平會導致嚴重扭曲，上面的格陵蘭竟與非洲差不多大，南極洲則變成底部的一條細線。

戴美克森投影是由巴克敏斯特・富勒開發出來的投影方法。這種平面世界地圖不太會扭曲塊的大小和形狀，也沒有傳統的上下左右之分，隨意地轉動仍然可以準確呈現各大洲的分布和構造。

**蓋文・史密斯**
**Gavin Smith**
資深改造者，澳洲雪梨第一間Makerspace「機器人與恐龍」（Robots and Dinosaurs）的創辦人。他是一名機器人工程師，曾協助打造位於墨爾本的粒子加速器「澳洲同步輻射光源中心」（Australian Synchrotron）。

# Vintage Ventilation

文：菲爾・鮑伊　譯：花神

## 老派汽車透氣窗

打造你專屬的引氣窗，
大口呼吸新鮮空氣吧！

**時間：**
一個週末
**成本：**
**20～30美元**

## 材料

» 厚紙板
» 輕質合板，
　1/4"×12"×24"
» 木質填料或補土
» 砂紙，粗的跟細的
» 底漆
» 木漆
» 自黏式魔鬼氈

## 工具

» 捲尺或尺
» X-Acto 筆刀或剪
　刀
» 紙膠帶
» 快乾環氧樹脂
» 鋸子

**菲爾・鮑伊**
**Phil Bowie**
一位自由工作者，
發表過300多篇文
章與小故事，還有
許多受到歡迎的懸
疑小說，更多關於
他的訊息，可以在
philbowie.com
找到！

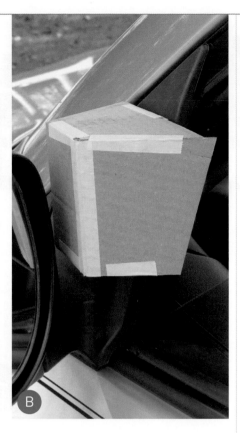

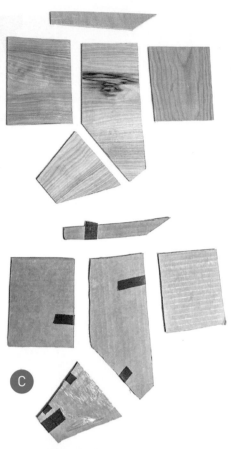

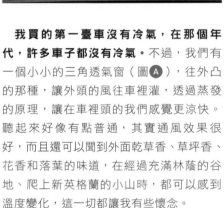

A

B

C

D

E

F

Hep Svadja, Phil Bowie, Sydney Palmer

我買的第一臺車沒有冷氣，在那個年代，許多車子都沒有冷氣。不過，我們有一個小小的三角透氣窗（圖 A），往外凸的那種，讓外頭的風往車裡灌，透過蒸發的原理，讓在車裡頭的我們感覺更涼快。聽起來好像有點普通，其實通風效果很好，而且還可以聞到外面乾草香、草坪香、花香和落葉的味道，在經過充滿林蔭的谷地、爬上新英格蘭的小山時，都可以感到溫度變化，這一切都讓我有些懷念。

現在的車子讓我們與外界隔絕——有的空調還會過濾外界空氣。在美麗的春天或秋天裡，就算打開車窗，空氣流通的效果也不好。

為了回味一口往日芬芳的空氣，我決定自己動手製作引氣窗。幾乎每輛車的照後鏡和車框之間，都有一個三角形的空間可以來改造；不過，因為每一輛車的構造都有一點不一樣，所以你需要自己改造出最適合的透氣窗。

## 測量可用空間

首先，讓我們先從粗估空間開始，請量一下高度、寬度、長度和周圍框架的角度（我的引氣窗極限大概就是 2"×3"）

## 用硬紙板製作原型

接著，用 X-Acto 筆刀或剪刀裁切厚紙板，製作出原型。然後，用紙膠帶把紙板黏在一起，試裝看看（圖 B）。試裝的過程中，可能會需要再用剪刀稍微裁切一下，才能試出最好的尺寸。

## 製作透氣窗

如果你對原型感到滿意了，就將紙板當做範本來裁切 1/4" 合板（見圖 C），然後用快乾環氧樹脂固定（圖 D），有瑕疵的地方可以用補土或填料來處理。好了之後，用砂紙打磨成品，上底漆，再細磨，然後上木漆，我選了比較暗的黑色，比較低調一點（圖 E）。完成後，用一大塊矩形的魔鬼氈貼上固定，這樣遇到濕冷的天氣可以把透氣窗拆下來，天氣好了就可以裝上，至於要控制氣流大小的話，只要控制窗戶的開合程度就行了（圖 F）。

好了，現在好好享受老派的新鮮空氣吧！

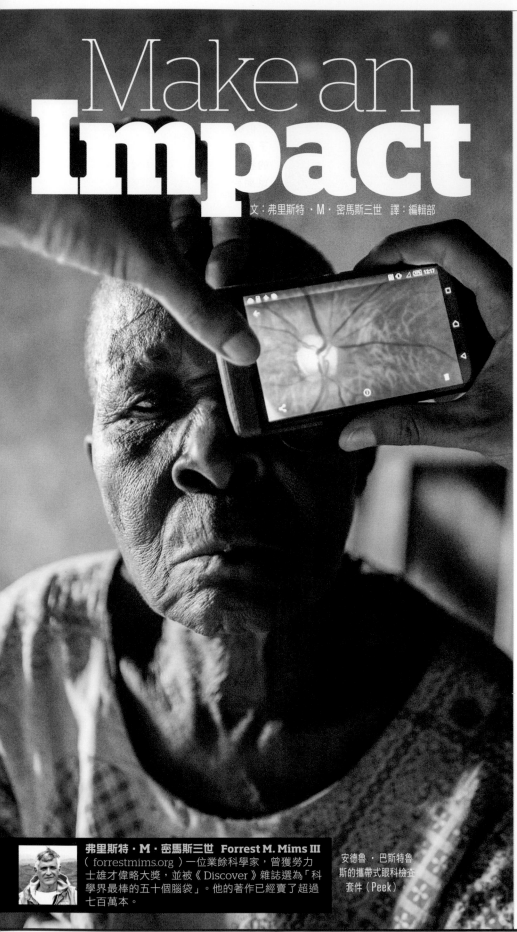

# Make an Impact

文：弗里斯特・M・密馬斯三世　譯：編輯部

弗里斯特・M・密馬斯三世　**Forrest M. Mims III**
（ forrestmims.org ）一位業餘科學家，曾獲勞力士雄才偉略大獎，並被《Discover》雜誌選為「科學界最棒的五十個腦袋」。他的著作已經賣了超過七百萬本。

安德魯・巴斯特魯斯的攜帶式眼科檢查套件（Peek）。

## 發揮影響力

你具開創性的專題——無論是能傳播知識還是改善人類生活——可能讓你贏得勞力士雄才偉略大獎

　　**《MAKE》雜誌向來都充滿了許多創新的專題。** 其中許多專題都非常實際，有些甚至可能會直接或間接地為你贏得一座足以留名青史的勞力士雄才偉略大獎（圖 Ⓐ ）。

　　勞力士雄才偉略大獎提供了相當好的機會給有能力發展創新專題的人。勞力士在短短幾十字中概述了這個獎項：

　　賦權給傑出的個人，勞力士雄才偉略大獎支持鼓勵開發創新專題的個人，以提高人類的知識或福祉。

　　賦權是必須的，獲獎者可以獲得10萬瑞士法郎（約102,650美元），獲獎者也可獲贈勞力士手錶一只，並接受國際媒體的報導，相關消息也會發布在勞力士雄才偉略大獎的網站（ rolexawards.com ）上。獲獎者也有機會能訪問先前的獲獎者以及獨立評選贏家的評審委員會。

## 獲獎專題的領域範疇

　　過去40年間，勞力士雄才偉略大獎已經支持了應用技術、文化遺產、環境、開發與探險、科學與健康等領域的創新專題。涵蓋範圍甚廣，包括教育，生態，考古，醫藥，農業等。

　　比賽相當激烈：自1976年以來，共有來自190個國家的33,000名申請人，當中只有140個獎項獲得了獎學金，獲獎率只有0.4％。然而，有些獲獎專題其實非常簡單。食物在奈及利亞北部的沙漠中很容易腐壞，穆罕默德・貝艾巴（ Mohammed Bah Abba ）於2000年獲得勞力士雄才偉略大獎，就是因為他開發出一種保持食物新鮮的簡單方法（圖 Ⓑ ）。將黏土製的鍋子放入一個較大的鍋子內，然後將沙子倒入兩鍋之間的空間中，水倒在沙子上，中間鍋因為周圍水蒸發吸熱而被冷卻，食物放在中間的鍋子

內，就能達到保鮮效果。貝艾巴在2010年去世前賣出了超過10萬個單價2美元的冷卻水壺。

有一些專題則應用現代的技術，如2008年獲獎的安德魯・麥岡尼各（Andrew McGonigle），他使用了儀表型的遙控小直升機來調查火山噴發的氣體（圖C）。麥岡尼各使用的系統包括紫外線照相機，讓科學家能從安全的距離研究火山煙流，預測可能的噴發。

2016年的獲獎者安德魯・巴斯特魯斯（Andrew Bastawrous）在2011年搬到肯亞之前曾在英國國家衛生部門服務。他發現，肯亞的民眾普遍使用手機，但是缺乏受過專業訓練的眼科醫生。這個發現使得巴斯特魯斯和他的合作夥伴開發了能在智能手機上使用的攜帶式眼科檢查套件（Peek）。Peek系統（peekvision.org）能讓非醫療用戶進行視力檢測，配合轉接頭的使用，還可以提供高質量的眼底照片。這些眼睛視網膜的照片提供了重要的診斷訊息。就算沒有接受過相關眼睛的農民也能夠快速學會使用Peek系統。在試用期間，巴斯特魯斯和他的團隊訓練了25名學校老師使用Peek，並在九天內檢查超過20,000名學生。

2014年的獲獎專題是亞瑟・臧（Arthur Zang）所開發、適用於偏遠地區的可攜式心臟偵測器。來自喀麥隆的電子工程師臧設計了Cardio Pad（圖D）。這是一款設計完善的醫療平板，可以監測心臟的運動，並將數據傳給城市中的心臟科專家（himore-medical.com）。在如喀麥隆等國的農村地區中，只有不到50名心髒病醫師要為2,200萬人服務，Cardio Pad是非常寶貴的醫療資產。

你可以在網站上了解更多關於這四位獲獎者和136位其他獲獎者（rolexawards.com/people），其中一些獎項可能正好有提出你想發展的專題或想法。

## 為什麼要報名
## 勞力士雄才偉略大獎

勞力士雄才偉略大獎對許多獲獎者的生活影響甚鉅。在我1993年獲獎（圖E）時確實是如此。這個獎項的頒獎典禮是由評委會成員艾德蒙・希拉里

著名的勞力士標誌。

貝艾巴發明的聰明保鮮妙方。

安德魯・麥岡尼各和他的用於採集活火山空氣樣本的遙控直升機。

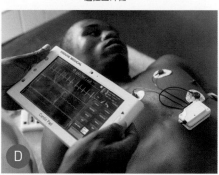

亞瑟・臧開發的 Cardio Pad 醫療平板。

作者的 TOPS 臭氧偵測儀器以及他的頒獎證書。

（Edmund Hillary）爵士主持。希拉里在1953年和丹增・諾蓋（Tenzing Norgay）成為第一批攀登珠穆朗瑪峰的登山家，是當時家喻戶曉的名人，也是我從小崇拜的偶像。

自從得了獎之後，我的職業生涯從電子元件開發者和作家轉變為科學家。我的獲獎專題是建立一個監測臭氧層的全球網絡。1989年，我開發了TOPS（可攜式偵測臭氧光譜儀），它一種手持式儀器，可以精確測量臭氧層的厚度。勞力士雄才偉略大獎提供了錢，讓我有能力聘請電氣工程師史考特・哈吉若普（Scott Hagerup）開發MicroTOPS，誕生以微處理器控制的TOPS版本。

我欲建立一個全球臭氧網絡的目標失敗了，因為MicroTOPS中的光學濾波器在短短幾年內就會降低其效能。幸運的是，Solar Light公司獲得了MicroTOPS的開發權，然後開發了更複雜的MicroTOPS II，搭配使用非常昂貴的高質量過濾器。時至今日，有1,000多個MicroTOPS II正在為全球科學家和研究人員工作，其研究成果已經在352個科學出版物中發表或引用。這項結果的意義遠比我原先想建立一個全球臭氧網路的計劃更為重大。

## 準備申請

現在是開始為未來申請勞力士雄才偉略大獎準備的時候了，準備的完整度至關重要，我一共花了三年準備。勞力士及其評審委員會希望能看到足夠的證據證明，如果選擇了該專題，你的專題可能會實現。因此，在訂好專題以前，一定要上網確認你的專題有沒有與先前的獲獎者雷同。即使你最後沒有獲獎，也能從準備過程中學習到很多，這讓《MAKE》的專題有機會發揮潛力，同時讓自己有機會做出有影響力的專題。◐

文：趙珩宇　製作團隊：臺北市立永春高中教師群（張彤萱、周紹文、謝昇宏、黃承德、練亭瑩、趙珩宇）

# School Carnival Arcade Machine

# 園遊會遊戲機

## 看看這臺由不同領域教師合力打造的趣味遊戲機

**每年學校都會舉行校慶園遊會**，學生在園遊會前無不卯足全力的設計出有趣的遊戲或提供美味的餐點來吸引參與園遊會的民眾。而臺北市立永春高中的老師們不讓學生專美於前，自行設計了一款有趣的遊戲機臺，讓同學和老師們可以一同同樂，也讓學生知道老師是很厲害的。遊戲機分為機構製作與程式設計兩大部分，以下分別說明。

## 1. 機構製作

機構部分包含背板與整體齒輪與皮帶機構。為了符合學校使用環境，可以時常因應操作環境的變化進行拆卸、搬動、重組等步驟，同時也須使用便宜的材料，因此選用密集板，並使用木材榫接與螺絲進行組裝，並使用3D列印的方式製作軸承、步進馬達以及平臺的連接件（圖 A）。

為了使平臺能順利抬升，原先考慮參考Prusa i3等3D印表機的設計結構，以螺桿帶動平臺進行升降，但由於無法買到150cm的螺桿，因此將設計改成透過步進馬達直接拉動皮帶帶動整體平臺進行移動。皮帶採用較方便買到的GT-20皮帶，並使用608ZZ軸承做為末端轉軸，組裝時要注意皮帶如果沒拉緊的話馬達會空轉，所以要盡可能把皮帶拉緊。

## 2. 系統架構

本遊戲機臺的系統架構圖如圖 B。

最主要的資料蒐集及訊號傳送的是由Processing所寫的程式進行處理，藉由接收由兩支Wii Nunchuck所傳送的訊號控制左方及右方的馬達，使平臺向右或向左傾斜。

為了簡化程式的複雜度以及簡化後續維修的便利性，本系統中使用了三張Arduino板，並讓各張Arduino板分別處理較單一的事情。Arduino板下面我們將分為A、B及C三塊進行討論：B和C Arduino板，做的事較為單純，純粹用於

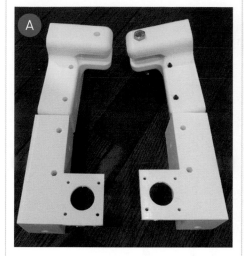

A

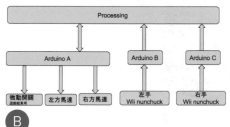

B

Processing

Arduino A | Arduino B | Arduino C

微動開關<br>遊戲啟動用 | 左方馬達 | 右方馬達 | 左手<br>Wii nunchuck | 右手<br>Wii nunchuck

接收 Wii Nunchuck 的訊號並產生即時回饋至 Processing。而 A 則用於控制左右二顆步進馬達，以及中斷遊戲用的微動開關控制。因此，整個系統的運作及判斷主要落於 Processing 上。此外，本遊戲機也透過 Processing 製作出遊戲運作的畫面，用於提示玩家目前剩餘的時間以及遊戲結束等事項。

　　程式系統則分為 Processing 端和 Arduino 端，彼此間透過 Processing 做為資料蒐集及主要控制。比較特別的部分在於有判斷平臺是否過度傾斜的部分。為何要做過度傾斜的判斷呢？因為當平臺過度傾斜時，平臺和左右固定於皮帶的料件，有可能在過度傾斜時造成拉力過大而造成皮帶或是平臺的損壞，因此須在最大傾斜程度允許的範圍中控制住，而不是無限制的讓傾斜角增大。另外微動開關則是用於球在左右平臺邊掉落時中斷遊戲。

## 3. 一起同樂吧！

　　遊戲機臺的主要想法是將珠子放在遊戲機臺的平臺上，左右兩側有洞，球如果從洞掉出去就算失敗。平臺左右兩側分別由一顆馬達帶動，左右兩顆馬達各自獨立，而平臺初始狀態有著 2°～4°的傾角，因此當遊戲開始時玩家即須將平臺平衡以避

免珠子滾出平臺。在操作上為了要控制兩顆馬達，玩家必須使用兩支 Wii 搖桿，在時限內單獨遙控左右兩顆馬達使平臺上升或下降。機臺背板則有隨機設計的孔洞，在平臺上升期間如果掉進洞裡則會依照洞所規劃之分數得分。依照得分則可以獲得不同的園遊會獎勵（圖 C）。

## 學校中的社群製造

　　在學校裡教師多半因為課務繁忙而鮮少有機會共同完成一件事情，但在本專題中，我們結合了資訊科技教師、生活科技教師、國文、數學及物理各科教師。透過團體合作，分享彼此專業，讓本專題可以在一週內完成，同時教師也能顧及教學時間，讓製作與教學不互相干擾，可說是跨領域整合的最佳實例（圖 D）。

C

D

趙珩宇<br>
**Henry Chao**<br>
師大科技所研究生，主攻科技教育，目前任教於永春高中。喜愛參與 Maker 社群活動，希望將自造社群的美好以及活力帶給大家。

**時間：**<br>
**3天**<br>
**成本：**<br>
**約4,000新臺幣**

## 材料

- » Arduino Uno（3）
- » A4988 馬達驅動晶片（2）
- » 42 步進馬達（2）
- » 微動開關（3）
- » 50W 電源供應器
- » Wii 搖桿（2）
- » 9mm 密集板
- » 3D 列印件
- » 150cm 光軸（2）
- » GT20 310cm 皮帶（2）
- » M3×50mm 螺絲（16）
- » M8×40mm 螺絲（4）
- » LM8UU 直線軸承（4）
- » 608ZZ 滾珠軸承（4）

## 工具

- » 3D 印表機
- » 雷射切割機
- » 烙鐵與焊錫

完整程式碼與零件皆已放於 Github 上，歡迎搜尋 YCSHlib 下載檔案。

# Toy Inventor's Notebook

## 步步高升童玩 看誰先登頂！

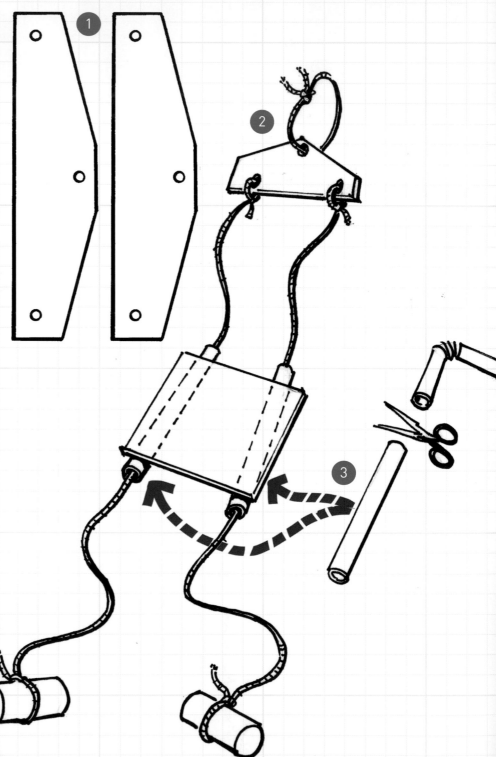

**時間：30分鐘**
**成本：2美元**

## 材料
- » 塑膠或木材薄片
- » 細繩，17' 以上
- » 吸管，剪至 2½" 長（4）
- » 小珠子或木銷

## 工具
- » 鋸子、美工刀或剪刀 視材料而定
- » 電鑽
- » 噴膠、雙面膠紙或口紅膠
- » 氰基丙烯酸酯黏著劑 或稱強力膠
- » 釘子（2）
- » 錘子

你可以至makezine.com/go/string-climbing-racers列印部件。

發明、繪圖：鮑勃・納茲格　譯：編輯部

**這兩隻簡單、好玩、會爬高的可愛Makey**，靈感源自一種古老的童玩。它們會透過摩擦力和鬆緊交替的張力來沿著繩子向上攀升。動手打造這兩隻Makey，和朋友比賽誰爬得快！

### 1 剪下你的Makey

將前頁撕下，黏貼至一塊薄塑膠片或木片上，接著沿著黑色實線剪下Makey和旋轉環的輪廓（如果你捨不得撕雜誌，可以至 makezine.com/go/string-climbing-racers 下載並列印部件）。

### 2 鑽洞並加上繩子

在旋轉環部件上鑽洞。在上方的洞口穿過一小圈繩子。下方的兩個洞口則分別綁上兩條長繩子（4英尺以上）。

### 3 加上吸管和把手

剪下4根長2½"的吸管。用氰基丙烯酸酯黏著劑（強力膠）將2根吸管各固定在兩個Makey的背面。角度如圖所示。將繩子穿過兩根吸管，並在繩子尾端綁上小珠子或木銷做為把手。

### 4 三二一，開始！

要進行比賽時，請將上方的一小圈繩子掛在牆上的釘子上。兩隻手分別拿著兩條繩子輪流拉扯，同時讓繩子保持著些微的緊繃感。當你左、右、左、右地不斷改變拉扯的繩子時，Makey就會一步一步地往上爬升。第一個到達最頂端的選手就是贏家（不過別拉太快，否則Makey可能會因此拋錨）！鬆開繩子後，Makey就會掉回你的手上，再戰一場吧！

**讓比賽更有趣的方法：**

» 多「圈」競賽：第一位達成10次上下的選手獲勝！

» 組隊參賽：兩人分別控制一條繩子。這需要團隊合作才能獲得勝利！

» 如果你可以找到一處非常高的場地比賽，如樓梯間或樓中樓，試試看用超──級──長的繩子讓Makey爬更高！

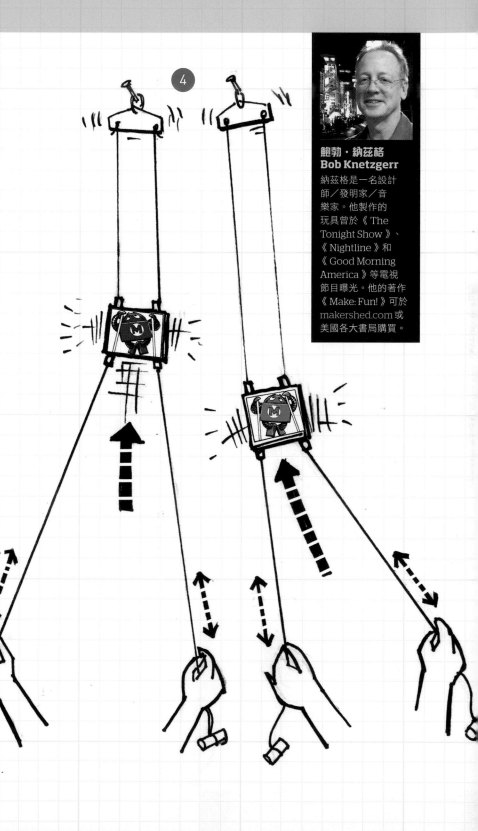

**鮑勃・納茲格**
**Bob Knetzgerr**
納茲格是一名設計師／發明家／音樂家。他製作的玩具曾於《 The Tonight Show 》、《 Nightline 》和《 Good Morning America 》等電視節目曝光。他的著作《 Make: Fun! 》可於 makershed.com 或美國各大書局購買。

# Don't SLIP

## 固定不動

### 如何讓物件穩穩固定於 CNC工具機的平臺上

文：提姆・迪根　譯：謝明珊

很久很久以前，每位機械大師的任何動作，都會經過測量、記錄並儲存在紙卡或紙帶上。這些儲存下來的數字以用來控制研磨機和車床等機器的馬達，讓它們得以完全仿照機械大師的動作進行。這就是數值控制（NC）。第二次世界大戰後，製造業引進了電腦，開始用電腦控制機器，稱為電腦數值控制（CNC）。大體而言，以電腦控制馬達的工具，包括現代3D印表機、雷射雕刻機和割字機，當然還有本文的重點：有著雕刻機（圖Ⓐ）或主軸馬達的CNC裝置。

CNC通常意指減法製造技術。減法製造會利用鑽頭和削刀等工具去除原料——反之，加法製造技術如3D列印，就是持續增加原料。3D印表機仰賴塑膠的黏著性讓印製的物品保持不動，反觀CNC雕刻機會對物件進行研磨、切割和鑽孔，具有侵略性——除非物件安穩固定，否則在切割期間很容易導致物件破損或昂貴鑽頭損壞。

固定CNC物件是可以寫成一本書的學問，本文僅會基本介紹如何使物件穩穩固定。至於採用何種方法，取決於你要安裝上的桌面或操作平臺，以及你要固定的物件材料，以下的技巧可以帶你認識一些重要概念。

## 固定加工物件的基本概念

CNC工具機的操作臺可能一片平坦，也可能內建有如T型槽等設計來固定加工物件。T型槽（圖Ⓑ）的T字橫條位於操作臺底面或裡面。螺帽可以卡進凹槽，並預留一段空間來插入螺栓或夾具。

夾具分成很多種。不同的設計有各自的優缺點。它們就算僅夾住一小塊區域，也能夠產生意想不到的夾力。但只要沒有夾對位置（圖Ⓒ）就達不到固定的效果，產生一些麻煩

至於沒有T型槽的操作臺，可能會在固定位置設置螺紋襯套（圖Ⓓ），螺栓即可插入其中，固定各式各樣的夾具。

你要採取何種固定策略取決於你會切穿物件，還是只會在物件表面進行切割。若你會切穿物件，通常會在物件底下墊個「保護板」，以免切到操作臺。你還要預先想

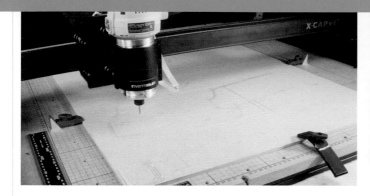

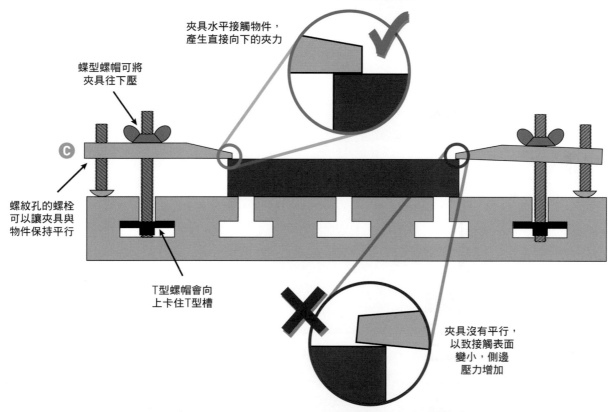

夾具水平接觸物件，
產生直接向下的夾力

蝶型螺帽可將
夾具往下壓

C 螺紋孔的螺栓
可以讓夾具與
物件保持平行

T型螺帽會向
上卡住T型槽

夾具沒有平行，
以致接觸表面
變小，側邊
壓力增加

**提姆・迪根**
**Tim Deagan**
（@TimDeagan）喜歡在他
位於德州奧斯汀的工作坊中
製造、印刷、檢驗、熔接、
鍍膜、彎曲、拴上、黏貼、
敲打和做夢。身為職業解決
問題者，他藉由設計、寫作
和除錯程式碼來養家活口。
他是《Make: Fire》的作者，
並 曾 為《MAKE》、《Nuts
&Volts 》、《Lotus Notes
Advisor 》 及《Database
Advisor》撰寫文章。

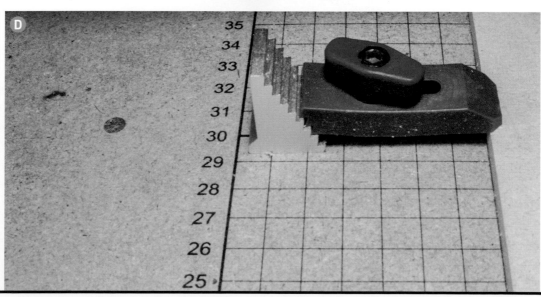

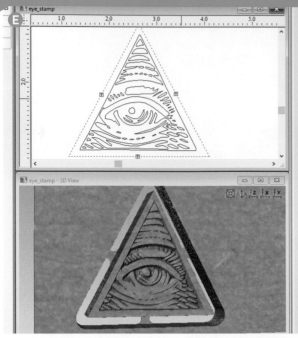

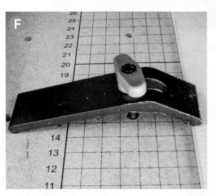

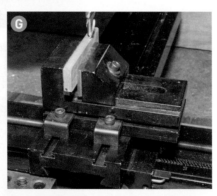

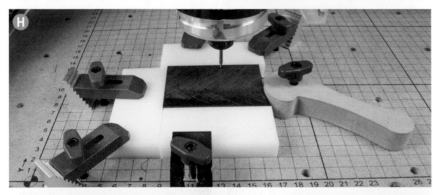

到，一旦物件失去支撐，又持續遭到撞擊，恐怕會移位。許多電腦輔助設計（CAD）程式大多有添加側翼的功能（圖E）。側翼並不大，但能為物件的底部預留不切割的空間，讓物件能夠從頭到尾就定位。

部分夾具則是設計來用邊緣夾住物件，而不是與物件平行（圖F），這就會呈現某種特定角度。它是由操作臺的背面固定。

多數情況都會使用虎鉗來固定物件（圖G）。這樣很方便迅速切換物件，但缺點是只能從一個方向固定物件。

## 夾具不夠力時

當你很需要絕對的定位，就必須提升到另一個層次，以治具取代夾具。治具可以從各個面向正確固定物件的位置。物件會滑入或深入治具下，以一兩個快速夾鉗固定。用凸輪夾鉗（圖H）鎖緊，以水平力道固定物件是很常見的冶具做法，肘節夾鉗（圖I）則是以垂直力道固定物件。

夾具仍然有可能妨礙切割的缺點。若你看到要價30美元的鑽頭不小心切到金屬夾具，你會很難過（卻不算少見）。我的許多夾具上都留下了可恥的印記（圖J），促使我更小心謹慎。

有不少操作需要物件完全裸露，不能被夾具遮住，這個時候就要借助三個基本方法。第一，用螺絲或釘子將物件直接固定在操作臺，這有賴縝密的計劃，以免鑽頭切到螺絲。這個方法也無法固定整個物件，因為若沒有側翼的部分與螺絲切割開來，物件就可能移位。

第二是大型CNC雕刻機常用的方法，多用於櫃子或木工工作坊。操作臺表面會有小洞，底下還有溝槽，形成真空，就像是翻面的空氣曲棍球桌。這樣可以從頭到尾固定物件，切割完畢亦可迅速鬆開。真空夾具另有更小的尺寸，使用方式類似夾鉗（圖K）。

第三，用雙面膠固定物件。這可以應付較小的物件，大的物件就有困難了。貼雙面膠時要小心，以免有漏網之魚缺乏支撐，就算有支撐和沒支撐的部位只有100分之1英寸的高度差，都可能為不少物件帶來麻煩。不幸的是，大量使用雙面膠並不便宜，效果也差強人意。更糟的是，雙面膠大多都很乏力。

## 超強黏力的客製膠帶

克林姆森吉他（Crimson Guitar）的弦樂

Tim Deagan

器製作大師班・克羅（Ben Crowe）將雙面膠法加以修改，想出了一個大受歡迎的做法。他採用一般的紙膠帶（寬面），同時黏在操作臺和物件上，接著在膠帶其中一面塗上薄薄的快乾膠，另一面塗上加速劑（非必要），組合在一起後，就是超強力的自製雙面膠，成本也很合理。一旦完成切割工作，膠帶也很容易從物件和操作臺上剝離。

我在大型物件上用過這個方法，但我不是用紙膠帶，而是寬度12"或24"的抽屜貼（又稱Contact Paper）和噴膠（圖 L ）。

這讓我能將大型皮件固定在操作臺上，不僅牢固，還很便宜，再也不用仔細黏貼多條雙面膠。這比調整雙面膠位置省事多了，不但不會重疊，也不會凹凸不平、留下空隙或在操作臺或物件上留下黏膠。我通常會將報紙鋪在我沒有要噴膠的地方（如CNC的馬達或軌道），噴膠會讓黏膠均勻分布，抽屜貼也能夠輕易撕下，完工後不會遺留任何問題，但切割期間又可以安穩固定（圖 M ）。

本文只是介紹固定物件的皮毛，我希望大家可以實驗或研究更多方法，讓你的CNC作業大獲成功！ ◢

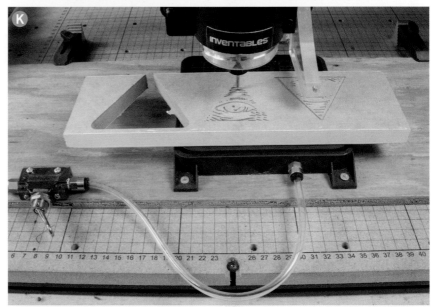

*Learn the Lingo:*
# MACHINE EMBROIDERY

文：卡里布・卡夫特
譯：屠建明

## 認識專業術語：
## 機器刺繡
## 替你的服飾增色、製作補丁並讓你的布料專題更加特別

**卡里布・卡夫特**
**Caleb Kraft**
從國中開始便接觸刺繡，但從來沒有上手過。便宜的機械裝置曾改變了他的世界，但現在他的世界充滿著繡線！他也是《MAKE》雜誌資深編輯。

「**機器刺繡是個可能會產生誤解的詞，**」目前在美國新墨西哥州阿布奎基市的黑鴨刺繡及網版印刷（Black Duck Embroidery and Screen Printing）公司擔任內聘設計師的數位刺繡專家艾瑞屈・坎貝爾表示，「容易給人不須動手、一切自動化的印象。雖然用現成的設計會很容易，但如果要創作新設計，不僅需要專業的軟體，更得充分瞭解所使用的媒材和機器運作的原理。」他警告，「好的刺繡作品絕對不只是掃描再轉檔的過程而已，創作新設計意味著要以媒材重新詮釋藝術作品，須運用項量繪圖的技巧，同時瞭解布料在刺繡過程的扭曲方式以及針線能發揮的範圍，最後以這些知識為創作基礎，把設計用線詮釋在彈性表面上。」

想要試試機器刺繡嗎？「機器刺繡結合了藝術、數學、工藝，以及對針線效果的想像力；如果這聽起來讓你感到興奮而不是卻步，」坎貝爾表示，「那機器刺繡等著你來一試身手。」

機器刺繡是一種相當具娛樂性、能充分發揮創意的媒材，但它有著自己專業的術語。要接觸這塊領域，可以先從熟悉以下入門術語開始：

**刺繡框：**一組疊置的環，用來把要刺繡的材料張開。（圖Ⓐ）機器刺繡框的作用是將布料和襯料推到內環底部，並固定在機器的刺繡臺上，再以夾具將刺繡框連接至機器的縮放儀上。

**縮放儀：**會在X和Y軸移動刺繡框進行刺繡。值得注意的是，對機器刺繡而言，移動的是基底，而不是針；縮放儀會在固定位置的針下方移動布料。

**襯料：**放在工件下方，完全涵蓋刺繡框的每個角落，用來抵消刺繡時布料的扭曲，有時也可以增加成品的強度（圖Ⓑ）。最常見的襯料材質是由濕法成網纖維構成的無方向性織物，讓它在張力和刺繡針的推拉下維持形狀。

**繞線筒：**在繃縫（interlock sewing）和機器刺繡的過程中，一個針步是由上縫線繞過來自工件下方一個稱為繞線筒（圖Ⓒ）的小線軸的線所構成。繞線筒可以手動繞線，也有預先繞好的繞線筒可以購買。

**張力：**線通過機器時被施加的摩擦力；上下縫線路徑都設有可調整張力的裝置。刺繡時有適當的張力可以讓部分上方縫線通過工件的下方，確保只有花樣會出現在布料的表面。

**數位化：**將縮放儀和針的動作指令放進檔案裡的過程。雖然這是可以自動化的過程，技術好的數位化人員通常會在數位化軟體裡重新繪製設計，根據刺繡的限制做調整，並加入縫製時的扭曲所需的補償。起初每個元素的繪圖和向量繪圖一樣，之後繪製的形狀再用程式來根據針步的長度、類型、角度和密度來以針步填滿，但有些效果必須靠手動放置每個針步才能完成數位化。

**密度：**每個針步或每列橫向針步間的距離，用來判斷每個刺繡元素覆蓋的範圍。密度的單位可以採用每英寸針數（SPI）、公制距離，或刺繡點。1刺繡點＝0.1mm，標準機器刺繡線厚度約0.4mm，因此達到完全覆蓋的密度是0.4mm或

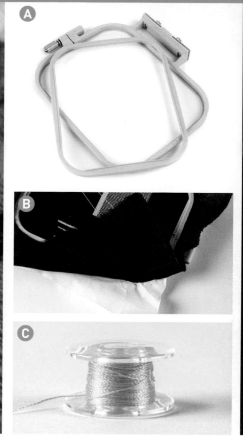

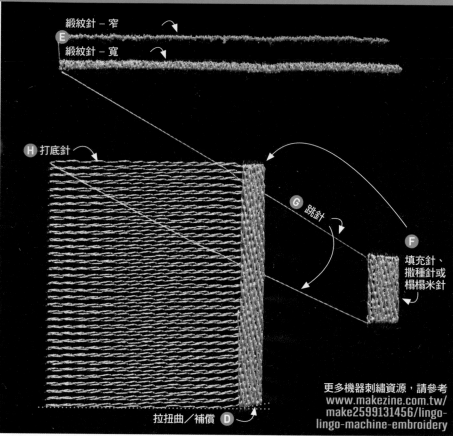

緞紋針－窄

緞紋針－寬

E

H 打底針

G 跳針

F 填充針、撒種針或榻榻米針

拉扭曲／補償 D

更多機器刺繡資源，請參考
www.makezine.com.tw/
make2599131456/lingo-
lingo-machine-embroidery

Erich Campbell, Hep Svadja

4點。有些刺繡效果會採用超過完全覆蓋的密度，藉此刻意累積材料或切斷下方材料，有時也會用較低的密度來顯露下方的元素。

**拉扭曲／補償：**刺繡的針步乘載張力，並且會往中心點「拉」，在縫製過程會稍微縮短。例如縱向的緞紋針步在實際縫製時會比螢幕上顯示的數位檔案稍窄（圖 D ）。這種誤差的補償方法是增加行寬，讓針步會落在實際設計的寬度，同時讓輪廓和邊界等元素在成品上可以維持對齊。

**推扭曲／補償：**當刺繡區域以完全覆蓋密度並列時，它們會有擴張，也就是向針步邊緣「推」的傾向。例如一行緞紋針步的高度會比螢幕顯示的還高。這種誤差的補償方法是稍微降低縱向針步的高度，尤其是針對文字的刺繡。我們會看到正確對齊的刺繡文字在螢幕上看起來很不平均。

**路徑：**刺繡元素的順序和行進方向。路徑的設計是刺繡效率和節省成本的關鍵，因為它可以減少不必要的動作、顏色更換和運轉時間。它也會影響工件的表面；路徑

不良的設計可能會讓布料產生波浪或皺折，而且可能無法對齊。

**直針：**單純的直線針步，很像在一般縫紉機上會看到的。這種針步用來構成細節、陰影、細微輪廓，有時甚至用在非常小的字體元素上。

**緞紋針：**刺繡文字最常用的針步。這種高亮度的針步基本上是緊密排列的鋸齒狀針步，每隔一針就和該區塊的邊緣垂直，可以用來刺繡最薄1mm到最寬12mm的元素，但因為長的針步容易鉤絲，所以多數的刺繡師會把寬度限制在10mm以下（圖 E ）。

**填充針、撒種針或榻榻米針：**顧名思義，這種針步是用來填滿較大的範圍，採用覆蓋整片面積、統一長度、緊密排列的直針。雖然長度相同，每針的刺穿點和終點通常會每列錯開，來防止造成表面斷裂（圖 F ）。然而，刺穿點的整齊或隨機排列也可以用來設計出特殊的質感。

**跳針：**這種針步讓針在縮放儀移動到下一個位置時不刺線。如果刺繡機上沒有自動

修邊機，這個針步會在成品上留下必須另外修剪的線（圖 G ）。

**鎖式針步：**這是幾個小針步組成的針步，通常是在一個元素或段落的開頭或結尾加上三個1mm長度的針步，防止線被拉出或散開。在會被移除的跳針前後和更換顏色前後都必須使用這種針步。

**打底針：**這個針步用在面線之前，用來支撐面線或緩和下方布料的紋路。打底針在底層布料上為面線提供平臺、提供面線可以循跡的邊緣，以及可以固定布料的起毛。它基本的作用是協助覆蓋底層布料或為裝飾性的針步提供更多的輪廓或質地（圖 H ）。

**絎縫：**新設計或設計和布料新搭配的樣本或製作樣本的作業。因為不同的材質在刺繡時會有不同的反應，刺繡設計在正式縫製之前要先在布料和襯料上進行測試，以及時進行必要的補償或機器設定。

**蓋料：**暫時覆蓋在有紋路布料上方的材料，用來防止紋路干擾刺繡過程。蓋料多數採用刺繡後可移除的水溶性膜。●

MAKER TECH

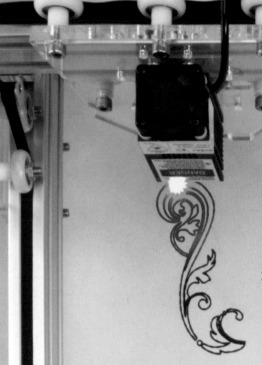

**265美元** gearbest.com

# GEARBEST DIY
# 紫光雷射雕刻機

儘管網路上有許多警告以及正反的意見，我跟一些朋友最近還是購買了DIY雷射雕刻機套件。有許多廠商在販售這些中國製造的工具，配有壓克力或鋁製T型槽支架設計，同時支援500、2,500以及5,500mW的雷射功率，讓這些產品能有多樣的組態。我們選擇GearBest設計的2,500mW雷射功率以及300mm×400mm的T型槽（類似80/20、MakerBeam，以及OpenBeam的產品）。雷射頭是455nm藍紫光，可以輕易更換成更高階的產品。

七個禮拜之後，訂購的設備抵達，尚未組裝且未附說明書。其實組裝並不會特別困難，但是不想埋頭摸索的買家可以到Instructables.com（搜尋「gearbest laser engraver」）閱讀專業Maker撰寫的指導說明，或是依照GearBest的連結下載組裝說明。

所有的零件狀態都很良好，也提供必要工具（例如：六角扳手）。EleksMaker的控制器有一張Arduino Nano跟兩張類似Pololu的步進馬達驅動板。控制器沒有給限位開關的輸入，這表示該組件沒有絕對定位。這不是什麼大問題，但是在設定專題的時候會很挫折。沒有附任何軟體，不過仔細搜索過後，我們被刻意引導到軟體Benbox（百度的下載連結似乎三不五時會不見，而且偶爾會被引導到感染惡意程式的軟體，所以要小心並且檢查下載的不是病毒）。這是個基本但有用的工具，能用舊版本的Grbl快閃Nano。近期Grbl的版本提供PWM功能來驅動雷射，讓它能提供灰階模式，而不單單只有開跟關。

最終，我認為這臺雷射雕刻機非常值得採購，即使需要不少次的調整來達到好的結果。X傳動軸需要一些調整，全部的傳動皮帶也都需要仔細地拉緊，然後軟體會把你逼得想喝一杯。但是對一個300美元不到的產品而言，它帶來太多樂趣了。我主要用它來燒烙皮革以及裁切，都能帶來不錯的效果。別讓這產品的黑粉把你嚇跑。如果是有一些套件組裝經驗的Maker，加上足夠的耐心，這個工具會讓你驚豔。

——提姆・迪根

Tim Deagan

# FLUKE SCOPEMETER
## 示波器190-204
**4,800美元**
en-us.fluke.com

　　當需要分析高功率的電壓訊號時，我接觸到
Fluke的窗口，他借我一臺ScopeMeter示
波器。這原本是設計為工業應用，並備有2.5
GS/s的取樣率、頻寬200MHz、4個輸入通
道，每個通道可記憶儲存超過10,000個樣本，
同時包含萬用電表、IP51防塵防水等級以及
鋰離子電池組。還有一個很重要的地方——它
有四組電氣絕緣輸入端子，在進行浮動量測時
更安全。即使我的專題不需進行太多的戶外工
作，ScopeMeter的絕緣輸入讓我能量測那
些如果用臺式示波器，即使死不了人也很危險
的電壓與訊號。如用來量測低功率的訊號，我
發現ScopeMeter能清楚又明確的顯示出來，
非常好用。因為個人經驗，我對於Fluke其他
ScopeMeters的產品也都抱持著開放且正面
的看法（而且不那麼貴）。有機會遠離測試臺
來使用粗糙的示波器時，我一定不會遲疑地再
買一臺。

——史都華・德治

# ROBOCLAW 2X7A
## 馬達控制器
**70美元**
ionmc.com

　　Ion Motion Control已經推出他們
RoboClaw系列馬達控制器的新版本。
2×7A RoboClaw是最小的安培值型號，
但是可以處理機器人專題中兩顆標準馬達
的電力，或是你的其他機械製作。新版的
RoboClaw具備一些吸引人的地方，像是較
高功率的BEC（代電池電路）、電池再生充
電器、支援正交編碼器與其它感測器的輸入，
還有控制馬達運作的內部指令。它也可以用
USB、無線電控制器、PWM、TTL序列、
類比以及微處理器的輸入來控制。我最喜歡
的地方是它們新提供的迷你外殼，不但提供
保護，也是組裝的入門點。

——SD

Fluke

## HOWTOONS專題套件

**註冊費25美元／月** howtoons.com

這個烏克麗麗是來自那家公司註冊服務的產品，組合起來很簡單又有趣。維持Howtoons「友善孩童」的風格，用漫畫風格的指導手冊引導你執行每個步驟。我很感動套件提供了幾乎每樣我需要的東西，而且已經雷射切割好的組件更是讓組裝像呼吸一樣簡單。我認為這個套件對較年輕（7～12歲）、對音樂或想要學習如何組裝樂器的Maker來說非常棒。由於每個月都會有新的套件推出，我很興奮地想知道下一個會是什麼。

——希妮・帕爾默

## INSTRUMMENTS
## 01雷射測量筆

**150美元** instrumments.com

InstruMMents的01是個很有趣的工具，能讓你隨身攜帶量測工具。與其帶著一個大捲尺、尺規，或麻煩到要帶碼尺，01只跟筆一樣大——事實上它就是一支筆。前端尖頭處是普通的圓珠筆，而另一端才是神奇的所在。01經由藍牙連結到你的手機，當筆的另一端滑過平面，會將量測到的數據即時傳送到手機。輕觸後端可切換到下一個量測選項，讓你能捕捉一個物體的各個面向。它同時有雷射光束協助對齊物品，並在測量時保持直線。我發現只要稍稍練習，就能量測出正確的結果，這工具不但夠實用也夠小，我一點都不介意一直放在口袋裏。InstruMMents已經允諾會推出第二個App，可以用同樣的工具捕捉弧度。這個絕對是設計師工具箱中一定要有的配備。

——麥特・史特爾茲

## ROSIES工作服

**82美元**
rosiesworkwear.com

我一輩子都在掙扎著想找到一件不錯、耐穿，又符合身形的工作服——直到發現專為女性設計的Rosies工作服。如果你跟我一樣對全球通用的尺寸感到困擾（把袖子捲起來還是太長，口袋一直打到膝蓋，蹲坐時老是受到影響），Rosies工作服會解決這些問題，而無須犧牲口袋容量或是布料的強韌度。而且不是直接拷貝男裝的版本然後換成粉紅色而已，這些工作服是專為女性量身訂做，不但提供保護，也很吸引人。

Rosies提供多種樣式跟版型，以及多樣顏色及布料選擇，包括重量輕卻耐用的布料，適合畫畫或園藝時穿。對於身高不到5'的女性，他們也提供小尺寸。你會發現再也不用像小孩穿爸爸的衣服一樣，在超大尺寸的連身服中游泳。我終於可以在工作室中呈現自己想要的樣子。

——赫普・斯瓦迪雅

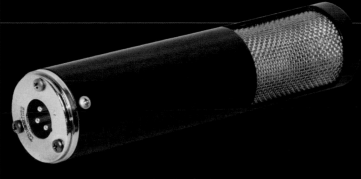

# AUSTIN鋁帶式麥克風

**249美元**

diyribbonmic.com

　　高檔錄音器材往往也代表著高價位。如果你願意多花點時間省點錢，AUSTIN 鋁帶式麥克風套件就很適合你。在兩個固定磁鐵中間放置薄薄一片金屬膜，鋁帶式麥克風可以將聲音轉化成電子訊號。當音波造成金屬膜震動，磁鐵會產生小電流。這是一款懷舊且經典的麥克風，適於用來平均捕捉廣泛音譜中的頻率。

　　AUSTIN 鋁帶式麥克風套件內有你在家製作所需的一切，但在坐下來組裝前，務必要詳細閱讀指導手冊並觀看影片（你也許會需要不常用到的工具跟零件，像是 1"定位銷）。在操作步驟中，鋁帶式麥克風的核心是個超級薄的鋁片，非常脆弱，需要嘗試好幾次才能安裝在正確的位置，感謝它們有提供多的鋁箔。

　　　　　　　　　　　　　　　　　　　　　　　　——MS

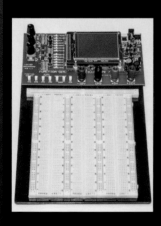

# BAKERBOARD
## 教學用麵包板

**249美元**

www.lumidax.com/products.html

　　類比電子通常被視為如同魔術般的藝術。音響愛好者跟音樂家渴望著乾淨的音色，同時業餘的無線電操作員盡可能嘗試過濾出最乾淨的訊號。知道使用什麼零組件往往不夠，你也必須了解零組件的位置跟方位最終會如何影響訊號。Lumidax Electronics 的教學用麵包板嘗試提供有興趣學習這門藝術的朋友一個工具套件，讓整個過程簡易化。

　　這個教學用的版本提供你三個完整尺寸的麵包板，以供原型使用，還有一個工作臺來安裝零組件。教學用麵包板的PCB是整個系統的中心，內建有電源供應輸出 -12V、12V以及5V，滿足專案的電源需求。它也有一個聲頻頻帶示波器以及內建的函數波產生器，能用來測試電路，也讓錯誤變得簡單。如果你想要邊做邊測試電路，亦或沒有空間或預算購買所有的工作臺工具，教學用麵包板是個很有用的零件組合，且易於攜帶。

　　　　　　　　　　　　　　　　　　　　　　　　——MS

# BOOKS

## Makerspace專題大全：啟發你實驗、創造和學習的靈感

作者：柯琳・葛雷夫斯，亞倫・葛雷夫斯

**420元　馥林文化**

　　這是一本寫給 Maker 的動手做指南。本書將會介紹許多「Makerspace」中最基本的專題。如果你完全沒有動手做的經驗，在接觸到本書後，你也可以做出其中超過一半的作品。在你做出一半後，你一定會感覺自己功力大增，可以繼續做另外一半！如果你身為進階 Maker，也能在大部分的專題中找到樂趣！另外，你也可以享受協助其他人做入門專題的過程，和我們一起散播對 Maker 運動的熱情！

　　這本容易閱讀的專題指南將為你介紹幾十個 DIY 低成本專題，幫助你獲得打造夢幻專題所需的重要技巧。書中為初學者提供了許多實用的訣竅，也為較資深的 Maker 提供了許多開放式挑戰。每一個專題都包含了清晰易懂、亦步亦趨的步驟說明，佐以照片和插圖來確保你能挑戰成功，並無限拓展你的想像力。你將會學習利用回收物、應用智慧型手機、紙上電路、電子織品、樂器、寫程式和3D列印等有趣的專題製作技巧！

## DIY聲光動作秀：用Arduino和Raspberry Pi打造有趣的聲光動態專題

作者：西蒙・孟克

**460元　馥林文化**

　　本書將帶領你由淺入深地用 Arduino 和 Raspberry Pi 創造並控制動作、燈光與聲音，從基礎開始進行各種動態實驗和專題！

　　Arduino 是一臺簡單又容易上手的微控制器，而 Raspberry Pi 則是一臺微型的 Linux 電腦。本書將清楚說明 Arduino 和 Raspberry Pi 之間的差異、使用時機和最適合的用途。透過這兩種平價又容易取得的平臺，我們可以學習控制 LED、各類馬達、電磁圈、交流電裝置、加熱器、冷卻器和聲音，甚至還能學會透過網路監控這些裝置的方法！我們將用容易上手、無須焊接的麵包板，讓你輕鬆開始動手做有趣又富教育性的專題。

# BCN3D SIGMA 2017
## 這臺印表機在品質與成效上有著大幅進步

文：麥特・史特爾茲　譯：張婉秦

### 機器評比 32

| 垂直表面細緻度 | 水平表面細緻度 | 尺寸精確度 | 懸空測試 | 橋接測試 | 負空間公差 | 回抽測試 | 支撐材料 | Z軸共振測試 |
|---|---|---|---|---|---|---|---|---|
| 3 | 3 | 4 | 5 | 5 | 4 | 4 | PASS 2 | PASS 2 |

- ■ 製造商 BCN3D
- ■ 測試時價格 2,695美元
- ■ 最大成型尺寸
  210×297×210mm
- ■ 列印平臺類型 加熱玻璃
- ■ 線材尺寸 3mm
- ■ 開放線材 有
- ■ 溫度控制 有，擠出頭（最高290℃）；熱床（最高100℃）
- ■ 離線列印 有（SD卡）
- ■ 機上控制
  有（全彩觸控螢幕）
- ■ 主機／切層軟體 Cura
- ■ 作業系統
  Windows、Mac、Linux
- ■ 韌體
  BCN Sigma Marlin variant
- ■ 開放軟體 是（GPL）
- ■ 開放硬體
  是（CERN Open Hardware License v1.2）
- ■ 最大分貝 50.42

## 專家建議

在雙擠出頭使用不同色線材很好，但使用兩種不同材質才是樂趣所在。可以考慮選擇水溶性的PVA補強材料，以及NinjaTek的Cheetah材料（較適用於Bowden的擠出機），製作些不一樣的樂趣。

## 購買理由

對雙擠出機來說，IDEX的技術提供足夠的優勢。如果你需要使用多種材質或是雙色印刷，Sigma脫穎而出。

準，同時也校準列印平臺，避免因碰撞或敲打到列印件造成一個擠出頭位置比另一個低。當其中一個擠出頭未使用時，它會停放在機器中蒐集從另一個加熱擠出頭漏出的線材

這個新版本的Sigma感覺比它上一個版本更加好用，也自豪新設計的熱端能輕易地更換噴嘴尺寸。我仍然樂見Sigma的底盤替換成跟其他地方相同的金屬材質，不過現在的塑膠材質跟前一個版本比起來，算是有飛躍式的改善。

### 列印順暢

因為整合Cura系統以及直覺性的操作面板，用Sigma列印很簡單。你可以看出它的介面並非設計給母語是英文的使用者，但是轉換成英文還不錯，圖表也足夠表達其操作。雙擠出可以經由Cura設定，而操作說明要求擠出頭必須依照模組導入順序安裝，新版本的Cura可以讓你選擇一個模組，並於程式內安裝擠出頭。

印出來的成品非常的好，也很乾淨。如果要說有什麼抱怨，大概就是我希望可以看到更優質的垂直表面，以及頂面能更好地固定接合。不過這些都可以藉由簡單調整列印設定來解決。

### 值得關注

BCN3D很有發展性，我也真的很欣賞Sigma，從最新版本發現的修改之處，可以看出他們走在正確的方向上。我有預感，在未來幾年，我們會一直談論到這家公司。◼

去年3D印表機市場競爭激烈，我們測試過BCN3D SIGMA，但因為列印品質低下，以及系統不夠完善，產品整體令人失望。如今，BCN3D帶著最新2017年版的Sigma重回市場，你可以發現他們真的有將客戶的建議與評論聽進去。

### 雙倍控制

MatterHackers是這家西班牙巴塞隆納公司在美國的經銷商，安排我測試他們最新機型。BCN3D已經大幅改善那個引人注目，也是我希望他們改善的地方：獨立雙擠出頭系統或是IDEX system。當大部分系統還是把兩個擠出頭安裝在同一個支架上，IDEX已經使用兩個馬達控制兩個不同的支架；這讓每個擠出頭能相互校

麥特・史特爾茲 Matt Stultz
《MAKE》雜誌3D列印與數位製造負責人。他同時也是3DPPVD和位於美國羅德島州的海洋之洲Maker磨坊（Ocean State Maker Mill）的創辦人暨負責人。時常在羅德島敲敲打打。

試印結果

Matt Stultz

# SHOW&TELL

## 這些讓人驚豔的作品都來自於像你一樣富有創意的Maker

做東西的樂趣有一半是來自秀出自己的作品。看看這些在instagram上的Maker，你也@makemagazine秀一下作品的照片吧！

文：蘇菲亞・史密斯
譯：張婉秦

所有好的獵人都知道準備是關鍵——要營造恐怖的氣氛策劃迷宮，還要製作服裝。
你的萬聖節想要來點啟發嗎？來看看去年《Make：萬聖節競賽》得獎者的作品，啟發你邪惡的想法
（中文編輯部註：本期英文版為2017年8～9月號）。

**① AMAZON ECHO幽靈**
用一個Amazon Echo跟一個Particle Photon，**布萊恩・施克（Bryant Schuck）** 將他的幽靈重新帶回人世（或者可以說讓Alexa消失）。

**② 樂高機器人版的科學怪人**
**馬修・哈瑞爾（Matthew Harrell）** 用MDF、PVC以及Smooth-Cast放大樂高魔物獵人組合，同時也安裝喇叭跟伺服馬達來完成場景。

**③ 神奇大釜**
選一個黃銅大釜，加上Arduino系統、超高頻感測器，以及NeoPixel燈圈，你就擁有一個神奇的預言工具，如同**伊恩・麥凱（Ian McKay）** 手工製作的這個一樣。

**④ 芮與她的千年鷹號**
去年有成千上百套芮的服飾，但是501st的成員**迪諾・伊格納西奧（Dino Ignacio）** 用泡棉打造了一臺千年鷹號，讓他五歲的女兒來駕駛。

**⑤ 野獸國**
**凱文・哈靈頓（Kevin Harrington）** 使用BowlerStudio軟體設計參數，製作出一個電動機器人的頭，並以故事書《野獸國》的角色為塑造對象。

**⑥ 挪威海怪**
這個航海噩夢是來自空調的管子跟PVC。**艾米・維萊拉（Amy Velella）** 跟他的家人為萬聖節打造超過1,300個場景，其中包括哈利波特跟星際大戰的主題。

在makezine.com/go/2016-halloween-contest可查看所有入圍參賽者的作品。

請務必勾選訂閱方案，繳費完成後，將以下讀者訂閱資料及繳費收據一起傳真至（02）2314-3621或撕下寄回，始完成訂閱程序。

| 請勾選 | 訂閱方案 | 訂閱金額 |
|---|---|---|
| ☐ | 《MAKE》國際中文版一年＋限量 Maker hart《DU-ONE》一把，<br>自 vol._____ 期開始訂閱。※ 本優惠訂閱方案僅限 7 組名額，額滿為止 | NT ＄3,999 元<br>（原價 NT$6,560 元） |
| ☐ | 自 vol._____ 起訂閱《MAKE》國際中文版 _____ 年（一年 6 期）※ vol.13（含）後適用 | NT ＄1,380 元<br>（原價 NT$1,560 元） |
| ☐ | 自 vol._____ 期開始續訂《MAKE》國際中文版一年（一年 6 期） | NT ＄999 元<br>（原價 NT$1,560 元） |
| ☐ | vol.1 至 vol.12 任選 4 本，_____ | NT ＄1,140 元<br>（原價 NT$1,520 元） |
| ☐ | 《MAKE》國際中文版單本第 _____ 期 ※ vol.1～Vol.12 | NT ＄300 元<br>（原價 NT$380 元） |
| ☐ | 《MAKE》國際中文版單本第 _____ 期 ※ vol.13（含）後適用 | NT ＄200 元<br>（原價 NT$260 元） |
| ☐ | 《MAKE》國際中文版一年＋ Ozone 控制板，第 _____ 期開始訂閱 | NT ＄1,600 元<br>（原價 NT$2,250 元） |

※ 若是訂購 vol.12 前（含）之期數，一年期為 4 本；若自 vol.13 開始訂購，則一年期為 6 本。
（優惠訂閱方案於 2018 ／ 3 ／ 31 前有效）

| 訂戶姓名<br>☐ 個人訂閱<br>☐ 公司訂閱 | | ☐ 先生<br>☐ 小姐 | 生日 | 西元_____年<br>_____月_____日 |
|---|---|---|---|---|
| 手機 | | | 電話 | （O）<br>（H） |
| 收件地址 | ☐ ☐ ☐ | | | |
| 電子郵件 | | | | |
| 發票抬頭 | | | 統一編號 | |
| 發票地址 | ☐ 同收件地址　☐ 另列如右： | | | |

## 請勾選付款方式：

| ☐ 信用卡資料（請務必詳實填寫） | | | | 信用卡別　☐ VISA　☐ MASTER　☐ JCB　☐ 聯合信用卡 | | | | |
|---|---|---|---|---|---|---|---|---|
| 信用卡號 | | | － | | － | | － | 發卡銀行 |
| 有效日期 | | 月 | | 年 | 持卡人簽名（須與信用卡上簽名一致） | | | |
| 授權碼 | | （簽名處旁三碼數字） | | 消費金額 | | | 消費日期 | |

| ☐ 郵政劃撥<br>（請將交易憑證連同本訂購單傳真或寄回） | 劃撥帳號 | 1 9 4 2 3 5 4 3 |
|---|---|---|
| | 收款戶名 | 泰 電 電 業 股 份 有 限 公 司 |

| ☐ ATM 轉帳<br>（請將交易憑證連同本訂購單傳真或寄回） | 銀行代號 | 0 0 5 |
|---|---|---|
| | 帳號 | 0 0 5 - 0 0 1 - 1 1 9 - 2 3 2 |